# 天府四川小吃

精典

作者・舒國重

策劃主編／攝影・蔡名雄

成品精緻、味道講究

地方風味濃厚、

讓人忍不住

口水傭答的滋味

國家圖書館出版品預行編目資料

天府四川精典小吃 / 舒國重作 . -- 初版 . --
臺北市：賽尚圖文 , 民 105.08
　　面；　公分
ISBN 978-986-6527-38-8( 平裝 )
1. 點心食譜 2. 烹飪 3. 四川省
427.16　　　　　　105014221

# 天府四川 精典小吃

**作者：**舒國重

**菜品協力：**徒弟 魏延兵 ・ 胡克勝

**發行人：**蔡名雄

**策畫 / 主編：**蔡名雄

**攝影 / 文字編撰：**蔡名雄

**數位影像 / 資訊管理：**蔡名雄

**出版發行：**賽尚圖文事業有限公司

106 台北市大安區臥龍街 267 之 4 號

（電話）02-27388115　（傳真）02-27388191

（劃撥帳號）19923978（戶名）賽尚圖文事業有限公司

（網址）www.tsais-idea.com.tw

賽尚玩味市集 http://www.pcstore.com.tw/tsaisidea/

**美術設計：**nana

**總經銷：**紅螞蟻圖書有限公司

台北市 114 內湖區舊宗路 2 段 121 巷 19 號（紅螞蟻資訊大樓）

（電話）02-2795-3656　（傳真）02-2795-4100

**製版印刷：**科億印刷股份有限公司


**出版日期：**2016 年（民 105）8 月初版一刷

ISBN：978-986-6527-38-8

**定價：**NT.520 元


**鳴謝單位：**（依筆畫順序排列）

天府掌櫃旗艦店（成都市）・ 唐公別院（成都崇洲市）

## 細數經典，繼往開來

享譽世界的川菜烹飪技藝，是中華一種獨特的藝術。它不僅給人們帶來美味的菜餚和點心、小吃，亦給進餐者帶來視覺與精神上的享受。

在川菜的烹飪體系中小吃和點心的概念沒有絕對的劃分開，甚至在小吃中還包括有部份菜餚。如著名的「麻婆豆腐」、「夫妻片」、「小籠蒸牛肉」、「紅油缽缽雞」、「三洞橋軟燒大蒜鯰魚」、「竹林蒜泥白肉」等。

四川的小吃包括有許多筵席的精美點心。如「纏絲牛肉煎餅」、「五彩綉球圓子」、「鳳眼蒸餃」、「棗泥波絲油糕」、「層層酥鮮花餅」等。還有眾多的四川各地民間小吃。如「擔擔麵」、「古月胡三合泥」、「三大炮」、「成都洞子口涼粉」、「順慶羊肉米粉」、「燈影牛肉」、「宜賓紅油燃麵」、「懷遠凍糕」、「葉兒粑」、「瀘州蒸黃糕」、「川北梓潼片粉」、「大刀金絲麵」、「蛋烘糕」等各地有名的小吃。

川菜烹飪技藝中，主要分為紅案廚師和白案廚師兩大技藝工種。紅案廚師主要負責各種菜餚的製作，白案廚師主要負責小吃和點心的製作。而一名優秀的白案廚師又必須具有很深的紅案技藝功底與高超的烹調技藝，才能真正做好各種精美的小吃和點心。也才能是餐飲行業中受人敬重的「紅、白兩案」全能廚師。

四川的小吃、點心的製作手法有「擀、捏、壓、揉、包、切」和各種造型技藝。烹製方法多樣，包括有蒸、炸、煎、烤、煮、炒、燒、拌、燴等。味道更是多種多樣，有「魚香味」、「家常味」、「紅油味」、「鹹鮮味」、「甜酸味」、「酸辣味」、「甜香味」、「麻辣味」、「蒜泥味」、「蔥香味」、「椒鹽味」、「鹹甜味」、「醬香味」等多種味型。這就是四川小吃、點心兼具川菜特殊風格特點的真正原因。

在現代的川式小吃、點心中有許多是在傳統基礎上創新的品種。如「鴛鴦葉兒粑」、「玉鵝戲水米餃」、「翡翠玉杯」、

張中尤大師（前）與作者舒國重（後）

「冰汁枇杷茗」、「酥炸荸梨」、「盆花酥」、「波絲花籃」、「南瓜餅」等不少的象形點心。

四川的大刀金絲麵是一種集高超的刀工技藝和白案技藝中的多種工序製作而成的一道著名小吃。「金絲麵」的製作頗為講究，先是用新鮮的雞蛋黃（或鮮鴨蛋黃）調合成麵糊，用揉、擀、壓、推、切等工序製成薄而透明的大張麵皮，再疊成長條，用長約七十公分的大麵刀切成細如金絲的麵絲。煮熟後撈入盛有高級清湯的精美小碗裡，再配以一小朵翠綠色的青菜心。麵絲色澤金黃，湯味鮮美，味清淡而高雅。「金絲麵」是一道和四川「開水白菜」、「雞豆花」等菜餚齊名的高檔麵點。

由台灣著名美食作家蔡名雄先生和中國烹飪大師舒國重共同編著的《天府四川精典小吃》一書，基本上包括了四川各地著名的點心、小吃。本書向讀者們圖文並茂的介紹了眾多的四川小吃、點心，並展現豐富的四川飲食、小吃風情，是對川菜最佳的全面推廣和宣傳。祝願四川小吃這種獨特的烹飪技藝和文化，得到很好的傳承與發揚。

中國烹飪大師終身成就獎獲獎者　張中尤　二零一六年春

作者序

## 川味小吃美在萬千滋味風情

記得在 1990 年初，一位從台灣回大陸探親的老大爺（也是川廚，在台灣有兩家川菜館），在一次聚會上相識，彼此談起川菜小吃，同我有相見恨晚感覺。他說起記憶中的成都小吃，滔滔不絕，聲情動人，然後話頭一轉，臉色凝重下來，嘆氣的說了一句「現今走遊巴蜀各地，正宗的四川小吃太少了，成都市過去很多好吃小吃，已不見踪影，可惜啊！」

與這位老大爺接觸過數次，他不斷地鼓勵我，要繼承、發揚傳統四川小吃技術，甚至願出資 100 萬人民幣，在成都開一家正兒八經的小吃餐廳，完全交由我主理經營。但當時我正主理一家大型餐廳，指導開發三國文化主題宴的菜品，難以實現這位台灣老大爺的誠意和願望。

時間進入二十一世紀，筆者從一個熱愛烹調的青年廚師，歷練成精通川菜紅白兩案之烹飪大師，雖獲得諸多榮譽，也在烹飪教學中培養出大批名師名廚，但多年來心中總有一種情結、一股力量在推動我親自製作、撰寫一本圖文並茂、介紹全面的四川小吃的經典食譜書，讓四川小吃和川點技藝得以留存、傳承和宏揚。

現今川菜、火鍋遍布大江南北、五洲四海，真正傳統地道的四川小吃卻屈指可數。不少打著四川小吃的招牌，卻是魚目混珠，或是掛羊頭賣狗肉而已。筆者足跡遍及華夏各地，也在全球不少國家的酒樓飯店主廚或表演廚藝。看到粵式早茶、港式夜宵，在世界各地倍受人們追捧，生意十分火爆，往往心生痛惜之情，曾享譽大中華的四川小吃，為什麼不能像川菜、火鍋，走向世界？為什麼沒有一個國家有華人經營「川式早茶」或是「川點茶館」呢？每當品嚐到廣式早茶，似乎千篇一律的口味，大同小異的小吃時，內心更湧現出對四川小吃的一種嚮往與深情。

一款一格，百款百味，蘊含著千種滋味、萬般風情的川味小吃，如能形成體系，結合川茶，塑造成川味的茶點、下午茶、夜宵風味餐館、茶樓，那是何等口福天下的美好事情。

帶著這樣心境，加上資深川菜文化人向東老師不斷地鞭策、鼓勵，他說，你有那麼全面的小吃技藝，不把它做出來寫出來，留給年青一代，會是一大遺憾！且傳承四川小吃技藝是一個功德無量之事。在蔡名雄老師熱誠支持下，全力編寫這本書，希望這本書能給專業從廚人員一些幫助和點悟，也給喜愛四川小吃的家庭主婦及愛好者一點指導和啟發。

在這裡我要特別感謝我的恩師，中國著名烹飪大師，終身成就獎獲得者，川菜泰斗張中尤老師，他言傳身教，毫無保留地傳授給我川菜紅白兩案精湛技藝，使我全面掌握了川菜、川點、小吃的製作技藝精髓。

此書 大部份小吃、川點皆由筆者親于製作，小部份由筆者徒弟魏延兵、胡克勝兩人製作。多數為首次完整介紹和展示製作工藝與風味特色的川味小吃、川點。

二零一六年春

# 目錄
## Contents

第一篇 天府四川 小吃 龍門陣

第二篇 四川小吃 基礎 知識

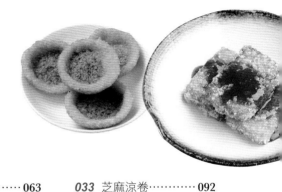

第四篇 天府麵製品小吃

第五篇

製品小吃及其它風味雜糧

動手做

簡歷：

專研川菜紅、白案技術並在製作上精益求精，成功將理論知識和廚藝教學融合與發展。長期在全國優秀刊物《四川烹飪》雜誌上發表諸多作品，有菜點、小吃創新論文等，並曾持續十年在此刊物上主持「烹飪課堂」問答欄目，也在《東方美食》、《中國大廚》等專業雜誌上發表烹飪知識相關文章，成為大陸知名的「川菜儒廚」。

除教學授業教出成千上萬的廚師隊伍，並收徒傳藝，門下弟子百餘人，有不少弟子己成為「烹飪大師」、「烹飪名師」，可謂桃李滿天下。

長期以來，受聘多個職業廚師培訓單位的指導教學老師，曾擔任國內多家五星飯店、星級賓館及大型餐飲酒樓的技術顧問、餐飲總監、行政總廚等。

著有《四川江湖菜一、二輯》、《佳肴菜根香》、《菜點合璧》、《四川江湖小吃》、《四川小吃大全》等。

川菜大師
## 舒國重

經歷：

· **1956 年**生於四川成都市廚師家庭。從小受父親廚藝的影響，對烹飪技藝有著天生愛好和追求，8 歲左右就自己在家中學炒家庭菜肴，讀高中時，就常幫親戚、朋友、同學做家宴，婚壽宴，為日後職業廚師生涯鋪墊了堅實的基礎。

· **1977 年**接替父親崗位，進入了成都市西城區飲食公司「壽邱名小吃店」。

· **1983 年**拜中國烹飪大師，終身成就獎獲獎者，川菜著名特級廚師張中尤先生為師，在恩師的指導下，全面的專研川菜紅、白兩案技術，由此在烹調和麵點小吃製作技藝上突飛猛進。

· **1980 年代中期**，在成都首先推出全新的創意筵席——「四川小吃筵席」，受到市場的追逐模仿。

· **1980 年代後期**到 **1990 年代初**，作為國家公派到各國四川飯店、酒樓的大廚，先後馬來西亞、巴布亞新幾內亞、斐濟、紐西蘭、日本、澳洲事廚，傳播經典川菜菜肴及小吃技藝。

· **1990 年**前後的幾年間，擁有成都最年青雙科（烹調、麵點）特級廚師稱號。

· **1990 年代中期**，首創具有三國歷史文化主題的餐飲大宴——「三國宴」。

· **2005 年**獲選為中央電視台專題《絕活世家》中的烹飪世家主角，成為大陸數百萬廚師的唯一入選者，專門拍攝其從廚人生，在海內外多次播放。

· **2014 年**成立「中國川菜舒國重工作室」。

# 第一篇

## 天府四川 小吃龍門陣

製作精細、方便食用、講究味道、物美價廉、地方風味濃郁等特點是川味小吃基礎，也是讓其聞名全國的關鍵，且多數品項是小巧量少、花樣繁多、價廉味美、適應性強，加上川人很講究食的藝術，產生以小吃烘托大菜，或是大菜帶小吃的兩個飲食特點，這是川味小吃與其他菜系小吃之間最顯著的差異。

> ## 66 第一章
> # 精典小吃，川味經典

在四川，小吃除了單吃，還可以組合成小吃套餐；安排得宜，川味小吃也能於川菜筵席中起畫龍點睛的角色，穿插於大菜間，豐富、調節口味，並點綴席面；因為川味小吃的豐富性，還能以小吃為主體，發揮巧思烹製出小吃筵席。在現代環境中，川味小吃更能在許多的展演商務活動的餐會、酒會中擔綱大任，提供主輔食品、點心或菜肴。

川味小吃相較於其他菜系地區的滋味來說，其味道厚薄濃淡分明而有序，不只用料精細考究，更是善於調味，如成都名小吃「龍抄手」就分別有乾吃、帶湯吃兩種形式，滋味則有清鮮也有醇厚，清鮮的如「原湯抄手」、「清湯抄手」、「海味抄手」等，薄皮嫩餡，湯鮮味美；醇厚味濃的有「紅油抄手」、「酸辣抄手」等，卻辣而不烈，滋味鮮香。又如「擔擔麵」、「紅油素麵」、「甜水

麵」、「脆臊麵」、「宋嫂麵」、「豆花麵」等麵條小吃，都用了辣椒，但辣滋味可是各不相同，有微辣、香辣、酸辣、麻辣，有甜中帶辣、酸中帶辣、辣中帶酸等，從一個辣就能看出川味小吃味道之妙天下無雙啊。

雖說四川地區小吃與川菜一樣以麻辣為標誌性特色，但四川烹滋調味功夫之所以能天下無雙，就在好辛香之餘，更在乎濃厚刺激中要能體現鮮美本味！因此說川人對食材的鮮美本味有獨到的認識與烹調工藝可是一點都不張狂。因此川味小吃中有相當多清淡適口、聲名在外的名點，如「清湯金絲麵」、「奶湯海參麵」、「酸菜銀絲麵」、「雞肉青菠麵」等等，都屬做工精細、味鮮清爽的麵條類小吃品種。

四川的地理環境與多次大移民的歷史背景，讓四川人的小吃不只有大量的麵類小吃，還有獨具四川特色風情的米製品小吃，像是「賴湯圓」、「珍珠丸子」、「蒸蒸糕」、「白蜂糕」、「銀芽米餃」、「四喜米餃」、「海參芙蓉包」、「鳳翅玉盒」等等。

再擺川味小吃的製作，那可是從選料到成品的各個細節，都有著如美食家一樣的完美追求，產生十分嚴僅的工藝要求和品質標準。誠如成都名小吃「賴湯圓」，從選料、淘米、泡米、換水、摻和、磨漿、製餡、包捏、煮製和供食等操作流程中，每個環節都有要求，只要一個程序不對，就不能達到該有的品質標準：「香甜白糯，細膩滋潤」，就不能稱之為「賴湯圓」。

川味小吃除米麵雜糧製品的小吃外，還包括須多肉類製品的小吃，如「夫妻肺片」、「治德號小籠蒸牛肉」、「棒棒雞」、「缽缽雞」、「樟茶鴨」、「廣漢纏絲兔」、「樂山甜皮鴨」、「邛崍缽缽雞」、「天主堂雞片」、「珍珠丸子」等，在街頭巷尾已經很少見到以小吃形式販售，現今的餐飲環境中，這些小吃品類多走進了餐館酒樓成為「菜肴」，但其源自民間的小吃本色依舊存在於街頭巷弄中，遊走在雅俗之間，是菜品也是小吃。因許多的川菜食譜都會介紹這些是菜品也是小吃的肉類製品小吃，本書就不重複、聚焦在米麵雜糧製品的小吃。

今日，在經濟與環境條件的提升下，旅遊與交流的市場急遽擴大，川味小吃因為地方特色、風情鮮明，使得吃小吃成為認識四川食俗風情的一個重要形式。

## 66 第二章
# 四川地區小吃
# 常見的分類

四川地區地理環境相對封閉但物產卻異常豐盛，歷史上多次的大移民又讓四川地區的小吃融匯了大江南北的風情滋味，因此品種、工藝繁多，風味各異，食材的使用範圍更是廣泛，從米麵細糧、豆黍粗雜糧，到時令蔬菜瓜果，從家禽家畜到山珍海味，無所不用，於是用料廣泛也成為川味小吃的一大特色。

因此，四川地區的小吃分類相對費心思，在傳統上，以廣義概念來分，可分為麵點類小吃和菜品類小吃兩個大類。

其中菜品類小吃的豐富度可說是中華小吃之冠，這類小吃泛指一些區域飲食風情濃厚，風味獨特，製法講究，起著嘗奇品特效應的地方名食，早期也多是流動小販、攤攤四處叫賣，因此菜品小吃在傳統上或說本質上就不是為了飽肚子，多為了解饞、吃耍、吃好玩的休閒心理，因此多具備方便攜帶、食用的特點。然因餐飲業的發達加上食品衛生觀念的興起，菜品小吃已走入餐館，正式成為宴席上的「菜品」，常見的如「陳麻婆豆腐」、「夫妻肺片」、「燈影牛肉」、「張

飛牛肉」等菜肴，在傳統川菜的歸類上都屬於小吃類。

而麵點類小吃基本上就是一般概念中的小吃，四川傳統上叫做「點心」，泛指各種麵條類、包子類、花卷饅頭類，可飽餐一頓，也可作閒食點心，還有各種糕點、米團、餅、粥、羹等製品。小吃在四川餐飲行業中涉及的工種技術稱之為「白案技術」（也稱麵案）。

飲食習慣的變化也讓小吃的分類方式起了變化，許多繁雜工藝的小吃成了餐館酒樓的特色「菜肴」，也有特色菜品以「閒食、小吃」形式被搬到街頭！另大部分四川風味小吃的主原料是以米、麵粉製作而成，但也包括一些雜糧薯類、家禽家畜類，而時蔬瓜果類，油、糖、乾果等原料則是擔任重要的輔助及滋味角色。於是另一個按使用的主原料作分類的方式就成了現今四川小吃的主要分類方式，依此概念，川味小吃可分為「米製品小吃」、「麵製品小吃」、「雜糧與其他類製品」和「肉類製品小吃」小吃等大類。

**米製品小吃：** 如「紅糖糍粑」、「蒸蒸糕」、「醪糟湯圓」、「珍珠圓子」等。

**麵製品小吃：** 如「擔擔麵」、「龍抄手」、「鍋魁」、「雞絲涼麵」、「鐘水餃」、「石頭烤饃」、「高樁饅頭」、「蘭花酥」等。

**雜糧與其他類製品：** 雜糧的如「鮮奶玉米蜂糕」、「紅苕雞腿」、「水晶玉米凍」、「成都黃涼粉」、「黑米粥」等。其他特色原料小吃則有「象生蘿蔔果」、「蘋果煎餅」、「瓜仁芋香果」、「酸辣粉」、「綠茶桂花糕」、等。

**肉類製品小吃：** 如「帽結子」、「張飛牛肉」、「夫妻肺片」、「麻辣牛肉乾」、「老媽兔頭」、「治德號小籠蒸牛肉」等。這類小吃在消費習慣的演變下，一部分仍維持以小吃的形式存在於街頭巷弄中，但多數都成了餐館酒樓的「菜品」！也因此，四川傳統上用販售、品吃的形式做分類的方式倒成了餐飲行業才熟悉的分類法，一般大眾則都是以主原料的貴賤來界定何謂「菜品」，何謂「小吃」了。

66 **第三章**

# 創新有方法，
# 玩出百變川味小吃

　　無論在四川或是全大陸，隨著社會歷史的發展，小吃與菜肴是餐飲發展會同時存在的產物，也都有繼承、發展、創新的歷程。飲食文化、烹飪工藝的繼承是發展的必要基礎，創新則是面對這發展趨勢所必須的作為。

　　因此，創新是飲食行業生存發展的動力！在社會進步，消費觀念的不斷變化、提升的趨勢下，小吃的市場需求量將快速擴張，且小吃還包括大部分早點、宵夜的供應品種，是一個發展潛力很大的餐飲類別。

　　川菜創新是為了更好地適應消費者不斷變化的飲食需求，四川巴蜀小吃是川菜生活的一部分，也只有創新，小吃才能不斷適應社會經濟的發展。歷來許許多多事廚前輩就是依循這唯一真理，創造出許多膾炙人口的美味小吃。

　　小吃創新！創新才能符合市場與當今人們的消費觀，進而獲得市場商機。如何創新？筆者從事川菜與麵點、小吃等的製作、研究與開發工作四五十年，歸納這四五十年的實務經驗，得出五

大創新原則，實務中依循這五大原則所創新的許多小吃品種也已得到市場認同而熱銷。

## 原則一、標準化，規模化

經過歷史長河的不斷優勝劣汰，川味小吃才逐漸享有當今的盛名，只是製作工藝上仍十分依賴經驗與手工，在市場變化、擴張迅速的今日，這一傳統反而拖住川味小吃的發展。

不可否認，主要靠手工和經驗操作的傳統工藝有其精緻美食層面的優勢，色香味面面俱全，但在市場競爭中卻是一大劣勢。誠如大家所理解的，很多傳統小吃的失傳或面臨失傳，均是極度依賴手工和經驗操作的劣勢造成。完全靠經驗及人力手工製作，在過去人力成本極低、市場規模較小的農業社會還能適應，但現如今隨著人力成本的暴漲、市場擴張迅速，但小吃仍屬於零點閒食、消費水平相對較低的市場，於是要維持較實惠

的銷售價格與跟上市場規模的擴張，唯有透過標準化來降低人力成本，並進一步達到規模化，以適應商業社會市場經濟的發展。

因此許多需要紮實功底的傳統工藝小吃，就越來越不能適應，如傳統的「金絲麵」、「銀絲麵」、「蒸蒸糕」、「波絲油糕」、「鳳尾酥」等，在當今市場中就難見其蹤影。這些類型的麵點小吃，小量製作很難做到標準化與規模化，只能靠大量手工操作，個人經驗技巧成分也高，出品效率也就較慢，也就很少有人做這些精品川味小吃了。其實這些品種應該是很受人們喜愛，也很有市場的。

在各式廚房機械設備發達的今日，換個思路邏輯製作這些工藝小吃，其實只要將部分手工做法透過廚房機械設備的輔助加以標準化、規模化生產，這些工藝小吃也完全能適應現今快節奏的消費市場。

對於有些傳統川味小吃，在標準化、規模化生產的過程中則必須部分保留其欣賞性、表演性的工序，如用大刀切金絲麵、傳統手工操作壓製蕎麵、刀削麵、手擲「三大炮」等，才能體現與保留一個地方的民俗傳統風情。這樣既完全保住了傳統技藝，傳統文化精髓，又能開啟餐飲現代化的各種可能性。

例如製作「金絲麵」，將和麵、揉麵、壓麵、擀製這幾個工序換成機器製作，就大大減少煩瑣笨重的手工操作，就只保留用麵刀手工切成細條這道工序。這樣就解決了前大部分費時費力的工作，又能保持具有技藝和觀賞表演性的手工操作。因為是通過機械控制、按標準操作，也就能規模化生產金絲麵、銀絲麵。

又如傳統蒸蒸糕，一次出品一個，效率很低，若能將蒸製爐具和模具改進，一次出五到十個以上，那效率就大大提高，輕鬆面對大量消費需求。

## 原則二、巧用新原料素材與機械設備製作百變皮料

傳統小吃，主要選用各種麵性的米麵原料製成小吃皮料，再包入餡心而成，如湯圓類、包子類、抄手類、餃子類等。這些類型品種在原料素材少且加工技術、設備不發達的早期，大多以原料本色為主製成皮料生坯，若適當應用現今多樣的原料素材、加工技術、設備製作各種菜汁、水果汁、蛋奶汁，加入這些類型的小吃皮坯時，就會改變這些小吃的外觀顏色、甚至口感、滋味，也會提高產品的營養多樣性。

如使用打汁機取得綠色或黃色的蔬菜汁來加入麵團中製成抄手皮，包入餡心熟製後，這天然的綠色、黃色（或其他菜汁色彩）抄手，不只迎合人們所追求求新求變的消費心

理，更是健康美食小吃。又如將胡蘿蔔汁加入湯圓粉中做成胭脂湯圓等，將蛋黃粉、可可粉、牛奶、椰漿加入發麵內，製成巧克力饅頭、蛋黃饅頭、椰香饅頭等。簡單的皮料色彩改變，讓傳統小吃瞬間成為賞心悅目的新美食。

## 原則三、大膽開創餡心、麵臊的口味與型態

大膽開創餡心、麵臊的口味與型態是川味小吃能否保持活力適應新市場的重要基礎。原因在於大多數米麵小吃的特色是透過餡心、麵臊的滋味風格來展現。

傳統川味小吃的製餡、製臊本來就具有很多獨到之處，這可是體現四川巴蜀小吃特色的基礎，我們就是要在這基礎上大膽開創餡心、麵臊的口味與型態，烹製出符合當代人們的口味變化又極具巴蜀特色的美味小吃食品。

來食材，就可變成「南瓜抄手」、「豇豆抄手」、「起司抄手」等，還可加入高檔原材料來提高抄手品類的檔次和售價，如海產類的海參、鮑魚、鮮貝等或各式外來食材。

## 原則四、調味創新與運用

要說川味小吃的最大特點，多數人會說「味道好」！川味小吃的眾多品種都十分講究調味，如名小吃「鐘水餃」、「擔擔麵」、「夫妻肺片」、「川北涼粉」、「宋嫂麵」、「豆花麵」、「酸辣粉」、「麻婆豆腐」等。因此四川人常說「味道出特色」、「小吃、小吃，就是吃味」，說明川味小吃「味」的重要性。

成都地區近年來有一部分小吃，在社會上影響較大，口碑較好，也是近年來流行於市場的暢銷小吃。如成都市「怪味麵」、「牛王廟雞雜麵」、「查渣麵」、「勾魂麵」、「傷心涼粉」、「串串香」、「冷串串」、「麻辣燙」等，都是在調味運用及選擇上獲得成功，也贏取到不小的經濟效益。

因此小吃要在市場紅海中出彩，就必須根據小吃滋味活用調味手法做出自己的風格，或是直接在調味上創新，利用現今新的、外

在實際操作上，可大膽應用更多以前傳統上沒有採用過的原料、食材，以不斷變化小吃品種的風味，豐富其種類。如著名的「擔擔麵」、「龍抄手」、「鐘水餃」除了調味特點外，麵臊、餡心的選料與製法可左右其風格，因此採用變換麵臊、餡心的原料就可創出新的風格的品種。例如將「擔擔麵臊」由豬肉變換成牛肉臊子或雞肉臊子，即可製作成新穎的「牛肉擔擔麵」或「雞米擔擔麵」；若將「紅油水餃」的餡心改用鮮蝦肉拌製，就變成「紅油蝦餃」。又如四川抄手餡心大多單用豬肉製成，只要在製作肉餡時大膽加入像是南瓜丁、白菜碎、起司粒等蔬果或外

來的調味料產生新滋味，製作出口味新穎的小吃。這樣的概念其實只要先借鑑現在流行於菜肴中的山椒味、鮮辣味、酸辣味、鮮椒蠔油味、泡椒味、麻辣孜然味、咖喱味等新型調味，直接運用到四川傳統小吃中就能創造出不少新潮流行的小吃。

除了「新、奇」的滋味，還可將一些川菜傳統味型用到小吃中，以混搭的手法產生創意川味小吃。舉例來說，川菜菜肴很有代表性的「魚香味」，就可運用到四川水餃、抄手的調味上，而成為魚香水餃、魚香抄手。還有怪味、麻辣味、煳辣味、荔枝味等味型都可以運用到麵食類小吃製品中，也一定能創出更多膾炙人口的川味小吃。

## 原則五、引進移植，博採眾長

因應小吃市場不再局限於四川或特定區域，川味小吃的創新，適必要走引進移植，博採眾長的變通之路，才能適應全國或是全球的味蕾。引進移植就是「借他人之長，補己之短」，也稱之為借鑑、模仿；博採眾長就是將別人的好方法拿來用，以改變風味或增加效率。

四川菜系包括小吃製作，在多次而漫長的移民歷史發展中，自然而然的學會博採眾長，產生「北菜川味，南菜川烹」，「洋為川用，西料川烹」的多元滋味與工藝。在很多傳統名食小吃中都能看到引進移植的痕跡。如四川燒賣類、抄手類都是源自北方「稍賣」、「餛飩」，經過移植轉變成川味十足的地方小吃，如「玻璃燒賣」、「龍抄手」等。

另外像是聞名蓉城的「痣鬍子龍眼包子」，更是從江浙一帶的湯包移植演變而成。當今餐飲業發展快速、輻射範圍廣闊，粵式點心、西式點心大量進入四川飲食生活中，實際上也給為川味小吃、麵點師帶來了引進移植、博採眾長的大好學習良機。舉例來說，可將廣式「蝦餃」改變調味製「魚香蝦餃」或「紅油蝦餃」。西式「蛋塔」餡料可用鮮蠶豆泥替換，即成四川風味的「翡翠酥盞」等。然而成功的關鍵，絕對是引進後一定要能與自己的飲食傳統、文化相融，才能產生特色，否則只是跟在別人後面「複製」而已。

# 第二篇
## 四川小吃
### 基礎之知識

想烹製出味道鮮美，風味別具的川味餡心和麵臊，必須要有紮實熟練的三大烹調基本功，即刀工、火候、調味技術。還要進一步熟悉各種食材及調味料的性質和用途，才能結合坯皮的成形及熟製工藝做成不同口味特色的小吃。因此，屬於白案的小吃師傅要想烹製出各式美味的餡心和麵臊，就必須同時擁有熟練而扎實的「紅案」功夫。

第一篇 四川小吃基礎知識

## 第一章
# 餡心與麵臊

餡心及麵臊的製作是川味小吃製作與風味特點的重要環節之一，決定了小吃口味的優劣、成品形態、風味特色及品種能否多樣化，因此想烹製出味道鮮美，風味別具的川味餡心和麵臊，必須有紮實的刀工、火候、調味技術等烹調基本功「三要素」。再進一步熟悉各種食材及調味料的性質和用途，以結合坯皮及熟製工藝做出各種特色小吃。因此，川菜中屬於白案的小吃師傅要想端出令人驚豔的各式點心小吃，就必須要有扎實的「紅案」功夫。

## 一、餡心、麵臊對小吃的影響

小吃的色、香、味、形與餡心、麵臊有著直接的關係，歸納起來有以下幾個作用：

### 1. 決定小吃的口味優劣

凡是有餡心的小吃製作，都必須重視其餡料的調製或烹製，許多小吃的皮料常只佔 20％，餡心則達 80％，如燒賣、春捲等，這類小吃好不好吃，餡心的口味就顯得十分重要。

麵臊也一樣，不同類型、口味、口感的麵條，其臊子的烹製就不一樣，製臊的過程，就相當於烹製一款菜肴的工序，如川味小吃宋嫂麵、鱔魚麵等麵臊的製

作，其口味特色就體現在麵臊製作是否講究及鮮美與否。

## 2. 影響小吃成品形態

　　餡心是包在皮料中的，因此對麵點小吃的成形有著關鍵性的影響，如四川名小吃玻璃燒賣，成形後應似白菜狀挺立鮮活，若餡心水分、油量過重，就會造成餡心過軟，熟製後成品肯定不成形，影響食慾；這餡料的選擇與製作問題對於多數象形小吃來說，更是重要。因此可歸納出一個大原則，就是油太重的餡心或是全生餡心都不適宜做成形需要較俐落或精緻的造型小吃。

## 3. 體現小吃風味特色

　　小吃特色與所用食材、坏料、成形、加工及成熟有關，而餡心選擇、調製差異所形成的作用也不可忽視。如「川味金鉤包子」其風味特色為「皮薄餡鮮，別具風味」，回鍋肉包子的特色是「餡鮮香醇厚」。又如四川蒸餃大都會選用熟餡，而北方蒸餃一般用生熟餡料。不同餡料的運用則體現了與其他地區不同風味特色。麵臊也一樣，川味小吃麵臊的製作，相似於川菜的烹製，每一款澆入不同麵臊而成的麵食，都有著獨特的地方特色，如崇州查渣麵，成都擔擔麵等。

## 4. 構成小吃品種的多樣化

　　一個地方小吃品種的變化，基本上透過用料、烹製方法、成形不同所決定。但透過餡心麵臊的變化，酸甜鹹鮮麻辣口味各異，品種變化就更多更靈活。不同口味食材的餡心，製作出不同風格特色的小吃，以做包子來說，變化餡心是包子品種多樣化最主要關鍵，用什麼特色主料、味型的餡做，就叫什麼包子。麵條也一樣，臊子風格、調味不同，麵條品名、滋味就不相同，從而形成眾多的特色風味麵點小吃。

## 二、餡心、麵臊的基本分類和運用

　　餡心在川菜領域中的分類法主要依餡心的生熟、葷素、口味及形態作為分類的基準，

依此共衍生出十二種餡心類別。這十二種餡心類別基本上都並非獨立存在，是相對存在的，為區別多種相似餡心而產生的分類法，如葷餡可依需求做成生葷餡、熟葷餡和生熟葷餡；生餡可按口味做成鹹生餡、甜生餡、甜鹹生餡等，依此類推。以下就各類型餡料特點或製法做一原則性的說明。

**1. 以生熟可分為生餡、熟餡和生熟餡三大類。**

凡是只用生原料，包含家禽、家畜和蔬菜瓜果等製成的餡心都屬生餡，製法上主要有生拌和水打兩種。生拌就是直接將調味料等加入到主料中拌勻而成，像是韭菜鮮豬肉餡、芹菜牛肉餡等多用於水餃類小吃。水打則是將清水或者冷湯攪打入肉泥茸中，可使餡心成熟後口感更鮮嫩多汁，如淨豬肉餡就可做的四川水餃、抄手等。

熟餡的製法一般有兩種，一是將原料（肉類、蔬菜、瓜果等）剁成細顆粒狀，入鍋調味，

炒到成熟、放涼即可，若水分或油過多時就要將水分瀝乾，以利於麵皮包製；其二是把肉（豬肉等）入鍋中加水煮至成熟後撈出，放涼後切或剁成小顆粒再加調味料拌至成餡。

關於生熟餡，多是用於一些包子類的餡心料，製法是在熟餡中加入三成生餡拌勻成生熟餡。這種餡心的口感、滋味層次較多。

**2. 以葷素可分為葷餡、素餡、葷素餡三大類。**

以葷素來分就相對容易，用葷原料，豬肉、牛肉、羊肉、雞肉等調和成的餡料就是葷餡。使用葷原料，如用時蔬瓜果、豆製品、各種菌類製成的餡料即素餡。

葷素餡則是指以葷或素為主混合素葷料拌勻製成的餡心中所添加的素配料或葷配料達總體餡心的二成以上就可稱之為葷素餡，如韭菜肉餡、白菜肉餡等。

**3. 以口味可分為鹹餡、甜餡、甜鹹餡三大類。**

以鹹鮮味為主的餡料都可歸為鹹餡，其中包括一些運用川菜味型所製作的餡心，如醬香味、家常味、椒麻味、五香滷味、蔥油味、煙香味等。甜餡是指凡選用白糖、紅糖、冰糖調成甜味餡心，包括各種豆類、薯類製成的甜味餡，如豆沙、洗沙、蓮茸、苕茸等製成的餡料。或用各種果醬、瓜脯蜜餞為主要食材製成的甜味餡心。甜餡類也常用一些鮮花卉來增香添色，輔助製餡，如「茉莉鮮花餡」、「玫瑰鮮花餡」、「桂花餡」等。甜鹹餡實際上是以甜味料為主，輔助一些鹹味原料製成，多用於月餅、酥餅等糕點。如火腿月餅餡、金鉤月餅餡、椒鹽白糖餡等。

**4. 以餡心形態可分為顆粒餡、肉末餡、泥茸餡三大類。**

顆粒餡是指將食材原料切成粒、小丁，製成入口有明顯口感的餡料，包括用肉類、豆乾類、筍菌類製成的各種餡料。如用筍子、

蘑菇、松茸切顆製成的「山珍餡」，用雞肉切小丁製成「雞肉餡」等諸多餡心的製作。肉末餡主要是採用豬肉、牛肉、羊肉剁細，調味製作而成的餡料，多用於小吃中各種鹹餡類包子、餃子等的餡心。泥茸餡是指用各種豆類、薯類經過熟製加工成泥茸狀的餡料。如：用紅豆製成「洗沙餡」，用綠豆製成的「綠豆沙餡」，用蓮子製成「蓮茸餡」等。泥茸餡類用途極廣，在川味小吃品種製作中，很多都使用泥茸餡心，如湯圓、包子、各種餅類等。

除以上的餡心類別外，也有無法準確歸類的川味小吃餡心，如「三絲春卷」選用切成「絲」狀原料製成的餡心，屬於另類的餡心，在平常的運用上品種不是很多。

## 三、再談麵臊的分類運用

在前文中對麵臊的分類做了原則性的說明，但川味小吃的麵條類品種很多，使用的麵臊種類廣泛，這裡再針對麵臊成品特點與運用做進一步說明。

川味小吃的麵臊原料包括時令蔬菜、家禽、家畜、魚蝦類、海味類（魚翅、鮑魚、海參、魷魚等，以乾貨為主）等，均可製成各種美味的麵臊，其成品按乾溼狀態，可分

為乾麵臊、湯汁麵臊、滷汁麵臊，可是只用麵臊的話，麵點的味多半不夠厚實，所以在四川，麵條類小吃除澆入麵臊外，一般還要在麵碗底或麵條上放適量的醬、醋、鹽等調成的味汁，以補充麵臊味的不足，使小吃成品特點更加鮮明，更具風味。

### 1. 乾麵臊（俗稱乾撈麵臊）

主要是選用豬肉或牛肉剁細，煵炒至水分乾且散籽化渣而爽口的一種麵臊，麵臊不帶湯水，便於存放。如「成都擔擔麵麵臊」、「崇州查渣麵麵臊」、「乾煵牛肉麵麵臊」、「脆臊麵麵臊」均屬此內。使用乾撈麵臊的麵條小吃品種，碗中一般不加湯或只加少量的湯，極具四川地方特色。

### 2. 湯汁麵臊

所謂湯汁麵臊，是指在製作成麵臊後，麵臊內有或多或少的湯汁，這種類型的麵臊主要採取燒、燉、燴、煮的烹製方法製成，在川味麵條小吃的運用十分普遍，如「榨菜肉絲麵臊」、「三鮮麵臊」、「燉雞麵臊」、「酸菜魷魚麵臊」、「奶湯海參麵臊」等。此類麵臊多半屬於清淡適口，鹹鮮味美的滋味風格。

湯汁麵臊所搭配的湯有清湯、奶湯、紅湯、原湯、酸湯、魚湯、野菌湯等。也有一些麵臊直接用湯烹製，目的是讓原料、配料的鮮味融入湯中，滋味更濃郁，又因燒製時間較長，湯汁較濃，也屬湯汁麵臊類，如紅燒牛肉麵臊、家常鱔魚麵臊、大蒜肥腸麵臊、三大菌麵臊等。

### 3. 滷汁麵臊

滷汁麵臊也屬於川味麵點小吃常用的一種麵臊類型。其特點為用湯量適當，多需勾芡，烹製多用燒、燴的方法，成品有汁濃巴味的特點，如牌坊麵、稀滷麵、魚香碎臊麵、宋嫂麵等。

## 66 第二章

# 巴蜀小吃熟製工藝

　　絕大多數的川味小吃除製皮、製餡、成形的製作程序外，都需要熟製這一工藝流程，熟製工藝主要有「蒸、炸、煮、烙、煎、烘、烤」七種基本方法。

　　所謂熟製，就是對已經成形的各式川味小吃生坯（即半成品），運用各種加工方法，使其在高溫作用下，由生變熟，成為美味的小吃成品。對多數小吃來說熟製是最後一道工序，成熟的方法涉及所用的火候和油溫是否使用恰當，因此對小吃成品的色、香、味、形起著決定性的作用。

## 一、蒸

　　在四川小吃中運用最為常用而廣泛的成熟方法就是「蒸製」。蒸製成熟的麵點小吃製品，具有體積膨鬆，形狀完整，色調美觀，口感鬆軟，餡鮮嫩爽滑，易於消化吸收等諸多優點。例如川味點心小吃的各種包子、糕類、蒸餃類、燒賣類等，都是經蒸製而成的。

　　為確保小吃成品的質地與造型，蒸製小吃製品必須要掌握以下要點：

### 1. 蒸製時間

　　小吃由各種不同的原料所製成，加上外型上的長寬厚薄差異，其成熟所用的蒸製時間肯定有所差異。有些是在大模具中蒸製成形再分切小塊，或本身形整而有一定大小的製品，如蒸「白蜂糕」、「涼蛋糕」之類，所需要的蒸製時間一般都在 20~25 分鐘以上；而一些成熟較快，形體一般也較小的小吃製品，如「玻璃燒賣」、「燙麵蒸餃」等則只需要幾分鐘就足夠。還有些個別製品時間需要更長的蒸製時間，一來是因為體積大，二來是食材本身就需要較長的時間來熟透，如年糕類糯米製品，多需要 40~50 分鐘的蒸製。因此掌握好各種小吃製品的蒸製時間，才能獲得理想的熟成狀態，讓口感、滋味、造型都恰到好處。

### 2. 蒸製火力

　　小吃製品生坯入籠後，蒸製的基本原則是一定要等水鍋中的水沸騰後才將放了生坯的蒸籠放上去，蓋緊蒸籠蓋蒸製，絕不能放冷水鍋上才開火加熱或還沒沸騰、上氣就放上去蒸製，因為蒸製小吃多是用水將原料混合攪拌在一起做成生坯在蒸製，未沸騰的水在加熱過程中產生的水氣溫度不足以讓食材因高溫熟成，反而是讓生坯吸收過多水分，成品會有不成形或呈稀糊狀等不確定的結果。蒸籠上沸騰水鍋後，火力大小是成品質量高低的技術關鍵。同樣的蒸製時間，正確運用火力，才能保證蒸製出的小吃的品質。

　　有的小吃製品要求旺火，有的要求中火，有的則要求小火，還有先旺火後中火，或先中火後小火，火力變化多而微妙，主因在於各種原料製成的不同類型的小吃，其配料、皮料、品質上要求不同，要蒸出色、香、味、形俱佳的成品，對火力要求也就存在著差異。若是從基礎入門的角度來說，大多數蒸製品小吃，都可以採用旺火蒸製，目的是使籠中保持足夠的蒸汽及溫度，雖不一定完美卻能保證成品是及格的。

## 二、炸

　　炸製也稱油炸，就是把小吃半成品浸炸在油鍋內，透過油脂傳導熱量使小吃製品成熟的方法。經油炸製的小吃製品，具有香、酥、鬆脆，色澤鮮明的特點。川味小吃製品用油炸製成熟的品項也十分的多，常見的如使用油水麵團、油酥麵團製作的小吃品種，幾乎都是經炸製成熟的產品，如「龍眼酥」、「眉毛酥」、「海參酥」等；而發酵麵團類小吃也有些是炸至成熟，如「麻花」、「笑果子」，化學漲發膨鬆的製品有「油條」；而米製品則有「糖油果子」、「炸元宵」、「麻圓」等品種。

　　在小吃製作中，主要有兩種炸製方法：一是「浸炸」，一是「酥炸」。

### 1. 浸炸

浸炸的特點在於炸製的油溫相對較低，多為三成油溫，大約是 70~90℃，火候使用則是中偏小，所需的炸製時間因而較長，如炸製「荷花酥」、「菊花酥」等就需用採取浸炸的方法。

一般浸炸的小吃酥點，質地鬆酥，口感化渣，色澤潔白，形態美觀。是小吃製品中最難掌握的，專業技術性最強的製作方法。

然而，對許多入門的朋友來說，浸炸工藝因為低溫、時間較長而容易輕忽「控制」的重要性，如一味的將火轉小，以相對不穩定的低油溫炸製，以為這樣炸久一點也能得到一樣的成品效果，結果就是容易出現製品長時間浸泡在油中，製品吸飽了油卻沒有炸酥效果，也不一定有熟的「浸油」現象，這樣的成品過於油膩也無法食用，就成了廢品。

因此浸炸的成功要件，就是要正確地理解不同火候的目的和所調控油溫的效果，才能使炸製的小吃外形美觀，確實熟透，油少而酥，味好爽口。

### 2. 酥炸

酥炸工藝就如字面意義，指將小吃製品入油鍋炸至酥香鬆脆，色澤金黃的工藝。

酥炸在麵點小吃製作中的技巧特點為油量較大，火候大多採用中火或大火，採用相對較高的油溫，一般使用五六成熟的油溫，即 120~180℃ 之間，少數小吃用到七八成油溫，180~240℃ 之間。

應用原則一般來說，有沾滾上不同輔助料製品，如「麵包糠」、「白芝麻」、「黑芝麻」、「花生仁」、「瓜仁」等等的，火候和油溫就不宜太猛太高，主因是最外層沾滾上的輔助料多半容易焦煳。所以這類製品炸製的油溫應控製在四五成油溫，火候掌握在中火。

其次是需要較長時間才能熟透的小吃製品，就要採取先四成熱，100℃左右的低油溫，用小火慢炸至熟透，熟透後轉中火升高油溫至五成熱，約 160℃，此時就是要使小吃製品上色、酥香，如「炸麻圓」就是此方法的典型。

綜觀炸製工藝，操作中的關鍵技術就是判定油溫和控制火候以調節油溫，油溫過高，採用降溫措施。如加入冷油，減小火力，也可多放生坯製品；油溫如果過低，則應採取加大火力的措施。然後根據油溫高低來掌握炸製所需的時間，就容易炸製出合格的製品。關於油溫的判別，這裡建議，不論是專業人士或入門者來說，最好以油溫度計作為判斷標准，減少人為因素的誤差。

## 三、煮

「煮」是一種較簡單易掌握的小吃成熟方法，是以水做媒介傳導熱能，將製品成熟。在川味小吃中，煮製成熟也是應用範圍廣泛的工藝，如各種水餃類、麵條類、抄手類、湯圓類、米粉類等。主要關鍵有火力、時間、水量等，根據不同品種的要求，決定火力大小、時間長短、水量多少，只要能正確的組合這三者，就能使製品達到較好的品質效果。關於煮製方法技術的要領原則分別說明如下。

### 1. 水量充足

小吃的煮製，不管品種怎樣變化，煮製的用水量應以寬、多為宜。這樣，煮的時後不易相互黏連，也確保受熱均勻，加上水多而寬就不易渾湯，煮製成熟後的成品表面光滑、整潔、清爽，成型美觀。

### 2. 正確投放

製品小吃煮製時務必等水沸以後，才下入製品生坯，若水溫不夠，製品會出現發稀、發軟、糊湯的現象，成熟後還會黏牙，也沒嚼勁。

### 3. 投放方法

也就是生坯下鍋方式，原則上依次均勻地投放到湯鍋內，唯一目的就是避免製品生坯互相黏連而改變形狀或是破皮等現象，不同的形狀的製品應採用不同技巧。如煮抄手、水餃等，不可成堆倒入，應分散投入才不易黏在一起，投入後需隨時攪動，以免黏鍋；而一些圓形的小吃，如湯圓，就應從鍋邊滾入鍋內；像是麵條、麵皮類則要從水沸處投放並使其散開。

### 4. 控製水溫火候

煮製的小吃品類，煮製時都應保持沸而不騰的狀態，水沸騰的狀態對很多小吃製品的煮製效果不好，也就是說水沸後，將生的小吃製品下水，就要將火候轉小，不讓熱水呈沸騰狀；或是固定火候，以隨時添加冷水的方式保持沸而不騰的狀態煮製，使製品內外受熱均勻，成熟一致。之所以避免沸騰的原因是火候大時，沸騰的熱水具有相當強度的拉扯力量，容易沖壞製品（如煮抄手），或是造成外層滾煮爛了，內部（裡面）卻還是夾生的（如煮湯圓類）。

## 四、烙

烙是將平底鍋或鐵板置於爐火上，利用金屬導熱使製品成熟的方法。烙製方法，在川味小吃製品中的應用相對較少，如川味小吃芥末春捲的皮，就是採烙製成熟的。烙的工藝可分乾烙、水烙兩種。乾烙，就是於鍋內不用油或只用少量油，製品入鍋後不斷推移翻動，烙至熟透，兩面呈酥黃色即成，口感多半扎實，如川味小吃「鍋盔」的製法，就是採乾烙的方法，然後再烤製成熟。水烙則是在平底鍋中心放少量水，擺入生胚然後加蓋，利用蒸汽導熱使製品成熟，水氣乾後自然將外層烙至乾香，口感多半鬆軟，這種做法是四川農村中常採用的一種方法，如烙玉米餅、蕎麥餅等。

## 五、煎

　　煎利用油脂傳熱加上鍋具傳熱成熟的方法，和炸最大區別在於用油量的多少及熟成過程中製品有無直接貼在鍋具上，製品直接貼在鍋具上受熱才是「煎」法。煎製時應選用平底鍋或煎盤操作，用油量相對少，基本上不超過生坯製品厚度的一半，如煎牛肉焦餅，有些個別製品需油量較多，但也僅止於生坯製品厚度的油量。煎製又可分為只用油的油煎與以水為主油為輔的水煎兩種。煎製成熟的小吃，一般都具有色澤金黃、皮酥香的特點。如煎餃、煎餅類。

## 六、烘

　　在川味小吃製作中，烘製成熟屬於獨特的烹製方法。烘製的做法是必須將製品放入有蓋的特製銅鍋中，蓋上鍋蓋後以微火或小火加熱使製品釋出原料中的水分，產生底面像烙，上面像蒸而慢慢成熟的一種方法，烘製小吃的最大特色為外皮金黃酥香而內鬆軟適口，就如四川名小吃「蛋烘糕」，其選用的烘製鍋具就是特製的小銅鍋。

## 七、烤

　　利用爐內高溫的熱輻射原理讓製品受熱成熟的方法就是「烤」，應用技巧在於溫度高低及穩定度的控制，加上時間的掌握，在川味小吃製品中，以酥麵類製品應用較多，還有部分發酵、漲發的麵類製品和蛋糕都是採用烤製方法成熟的。烤製設備，按使用的熱源不同可分為兩種，一為用材火、炭火、瓦斯爐火為熱源的烤爐，一是以電產生熱能的電烤箱。

## 66 第三章
# 常用手工具與機械器具

製作川味小吃，是一門專業技術，除了傳統的手工操作所需的工具、器具外，在餐廚設備的進步下還是有許多設備、工具可以在製作過程中起到省時又省力的效果。

**擀麵杖（俗稱擀麵棍）：** 擀麵杖是川味小吃、麵製品操作的工具之一，傳統四川麵條均由手工擀製，包括一些大宗的餃子皮、燒賣皮、抄手皮都可以使用擀麵杖來操作（俗稱「大案」）。這種擀麵杖是用較優質的木棍製成，長 70~60 公分，直徑 4~5 公分。新製成的擀麵杖使用前最好將之浸泡於植物油內，待浸透後撈出，這樣對其使用和保存都有好處。

**擀拖：** 擀拖也叫小擀麵杖，一般用來擀製餃子皮、包子皮（如蒸餃），也在製作酥製品點心的「小包酥」時使用。擀拖一般有兩種，一種稍大點的，長 20~25 公分，直徑大約 2.5 公分，另一種小一點，長約 14~20 公分，中間約比兩端略粗一點。

**滾筒：** 滾筒是一種用來「大開酥」和擀製大量麵團的工具，選用細質木料製成。中間有通孔，通孔中有一根細軸，長約 25 公分，直徑約 8 公分。

舒師傅的手工具百寶盒。

麵案板：簡稱麵板，是麵點小吃製作的工作臺。傳統麵案板都是木質所製，如今有不銹鋼、大理石等製成的案板，但還是以木質麵案製作麵點小吃效果好些。

平煎鍋：平煎鍋又稱平底鍋、平鍋，用來製作煎烙的小吃，如「牛肉焦餅」、「鍋貼餃子」等，煎鍋有大、小不同尺寸，可根據要求來選購。煎鍋有鍋邊，深 4~6 公分。

炒鍋：炒鍋主要用於炒餡、製臊等，生鐵炒鍋受熱慢，宜於攤蛋皮、春捲皮之類，熟鐵炒鍋受熱快，宜製臊、炒餡心等。

炒瓢：炒瓢有熟鐵和不銹鋼兩種。主要用於炒餡製臊和炸製品種時舀油，有不同的大小口徑，根據需要選擇使用。

鏊子：這是一種專門用來烙製四川鍋盔或攤春捲皮用的特製鍋，由生鐵製成，圓形，無邊緣，並有一握把。

抄瓢：一種用熟鐵皮或不銹鋼皮製作成的邊緣微高、中間凹並且有均勻小孔的大瓢，一般直徑 25~35 公分。用於撈原料和炸製小吃。

絲網：絲網是用於撈麵、水餃、抄手等小吃，用鐵絲編紮而成，形如炒瓢，帶有把和網眼。

蒸點方箱：用於蒸製小吃點心的專用工具，有木質和金屬兩種，大小尺寸根據具體蒸籠大小和品種而定。這種方箱一般高約 7 公分。多用於小吃中呈漿、糊狀的原料，如八寶棗糕、涼蛋糕、雙色米糕、南瓜糕等。

麵刀：麵刀是一種由金屬或塑膠製成的刀具，長約 20 公分，寬 10 公分，呈長方形或梯形的薄片狀，主要用於調粉團、分劑子、切割麵團。

切麵刀：麵點小吃切麵用的工具，鋼鐵製成，有大小各種規格，小刀用於分切各種米和麵塊、麵皮。大刀為專製而成，長 65~70 公分，寬約 13 公分，主要用於切金絲麵、銀絲麵等。

蒸點方箱

麵案板

鏊子

和麵（攪拌）機

**麵篩**：麵篩又稱「籮篩」或「粉篩」，用馬尾、棕、絹或鋼絲網底製成，有粗、細眼子之分，作為篩麵粉、米粉、米料之用。

**炸點篩**：炸製麵點小吃的專用工具，一般是用鋁合金材料製成。有平面形和淺盆形兩種。篩內有很多小孔，便於瀝油，篩兩邊有提手把。

**夾花鉗**：夾花鉗俗稱「花夾子」，是麵點小吃製作花色小吃點心的專用工具，用銅或不銹鋼製成。主要用於小吃點心造型。

**麵點梳**：由塑膠、牛角、不銹鋼等不同材料製成。用於荷葉餅、海螺麵等製作時壓製形狀。

**小銅鍋**：用於烘製四川名小吃「蛋烘糕」的專用工具，為特製銅鍋。口圓，直徑約 8 公分，鍋邊高 1.5 公分，中間微凸，邊緣稍微深點，單側或兩側有手把。

**蒸籠**：川味小吃麵點製作所用的蒸籠有多種類型，質地有竹子、鋁皮、白鐵皮、不銹鋼等。小的蒸籠直徑不到 10 公分，主要用於蒸牛肉、羊肉之類用。

**和麵（攪拌）機：**用於攪揉各式麵團、材料。有小型手提式，能攪 1~2 公升的液體材料，攪拌盆是利用湯鍋湯碗，最多能攪 0.2 公斤左右的麵團；中型則為桌上型抬頭式，攪拌盆容量一般為 3~5 公升，最多能攪 0.6~1 公斤的麵團；專業的多為落地型座式攪拌機，攪拌盆容量一般從 10 公升起跳，常見最大的約 40 公升，最多能攪 2~8 公斤的麵團。

**磨漿機：**四川小吃中有許多是需先將原料磨成漿，如大米漿、糯米漿、豆漿、玉米漿等等，才能進一步做成小吃，在電動磨漿機出現之前，人們要磨漿就只能靠石磨，在早期幾乎是家戶都必備。今日因為加工技術的進步，市場上已能買到各式的乾大米粉或糯米粉，雖然方便，但需要精緻的質地、口感的控制時，自己磨漿仍然是必須的基本功。當然一般家庭也可勉強用強力打汁機打各種漿，但口感一般較粗些。

**食材處理機：**可將大多數食材切成片、絲、粒、末、茸等，是製作餡料或是臊子的最佳幫手，可節約大量的時間與力氣。傳統上都是在砧板上用片刀一一切剁而成，現今除少數對食材口感有特殊要求，或是要求食材改刀後要有形的小吃外，絕大部分都能以食材處理機加以完成。

**切麵機（擀麵機）：**切麵機、擀麵機這兩者一般是透過零件的更換變化功能。一般家庭自製麵條多只有 500 克或 1000 克，切麵多是直接用菜刀切製，熟練之後從揉麵到麵條一般不超過 1 小時。有了機械的協助或許省不了太多時間，但可省下許多擀麵力氣，切出的麵條成品更加美觀，對業餘烹飪愛好者來說是絕佳的成就感。對專業人士來說，這就是必備的生財器具。

量秤

食材處理機

磨漿機

**溫度計：**在傳統的廚房中，不論白案紅案，近代儀器溫度計似乎很難在廚房出現，或許是因經驗充足而覺得不需要，但如何與經驗不足的烹飪愛好者或學徒溝通這溫度的問題？這時可信賴的溫度計就是一個很好的橋樑，將不明確的感覺轉化成一翻兩瞪眼的溫度數字。溫度計可以幫助你很快找出所有跟溫度有關的烹飪工藝的規律，加快擁有掌握完美成品的能力！

**量秤：**一般分機械式與數位式兩種。對點心製作來說，一台好的磅秤是絕對必須的，因為點心的製作常需要相對精確的食材比例，特別是一些少量就足夠的材料，如小蘇打粉、食用鹼粉、乾酵母粉或瓊脂等，用量多是以克計算，誤差一般要求在 1 克內，這時沒有一台好秤，就可能要在多次失敗後才能掌握較理想的量。這類的失敗對業餘烹飪愛好者來說是嚴重打擊！對專業人士來說，一台好秤能讓製作過程減少因經驗不足而產生的誤差，在大量生產的過程中也能更好的掌握成品穩定性。

**計時器：**計時器一般分機械式與數位式兩種，只要準確也用得習慣就可以。對剛接觸小吃製作的朋友來說，計時器十分重要，因為經驗上的不足，需要透過計時器來掌握各個工序所需的時間。對於專業從業者而言更是必要，為了成品的規模化，質量的穩定與標準化，更是需要計時器為發酵、蒸製、油炸等工序做好時間上的管控。

小吃

米製品

巴蜀

第三篇

四川人們喜愛的小吃品種，多是選用大米、糯米製作成的四川獨特風味小吃，如「賴湯圓」、「方塊油糕」、「糖油果子」、「白蜂糕」、「三大炮」等，凡是用大米、糯米加工後製作成的麵團稱為米粉麵團。用它來製作各式點心、小吃，具有花色品種繁多、軟糯適口、精巧細緻、形態美觀的特點。由於米所含的麩質（蛋白質）較低，其澱粉質主要有直鏈澱粉及支鏈澱粉兩種，不同米品種的直鏈澱粉及支鏈澱粉比例不同，成品後的軟、黏、糯等性質差異源於此，也是有別於麵粉特性的主因，鑄就其獨樹一格的製作方法、工藝流程和成品特點。

## 66 第一章
# 認識米、常用原料
# 與加工方法

### 一、米的種類與泡發

　　四川米製品小吃常用的米主要有三大品種,分別是糯米、粳米和秈米。

**糯米:**由於糯米口感軟糯,黏性較強,一般不把糯米拿來當米飯吃,而是用來製作許多的米食小吃。四川小吃常用的有圓糯米與長糯米有兩種。

圓糯米外觀為短寬橢圓狀,色澤白且不透明,黏性高,多用於製作「湯圓」、「葉兒粑」、「糖油果子」等。

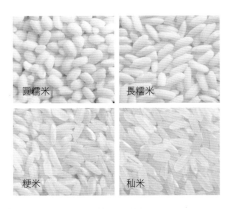

圓糯米　　長糯米

粳米　　秈米

長糯米外觀為長細橢圓狀，色澤白且不透明，黏性比圓糯米稍低，常被用來做成「油糕」、「肉粽」、「涼糍粑」等小吃。

**秈米：**秈米外觀細細長長的，有透明感，台灣俗稱為「在來米」，屬於直鏈性澱粉較高的品種，吃起來口感偏硬實，卻是稻米中唯一能發酵後製成鬆泡潔白的各種糕類製品的品種，如「白蜂糕」、「倫教糕」等。

**粳米：**粳米的外觀是圓圓短短的，有透明感，台灣習慣稱之為「蓬來米」，吃起來的口感軟硬適中，黏性弱於糯米但強於秈米，可用來製作年糕和與其他米粉混合製成糕點小吃。

使用糯米及四川地區習慣統稱「大米」的秈米、粳米製作川味小吃，首先要將其淘洗乾淨，然後用清水泡發後再加工或製作，泡米時要注意的以下關鍵：

（1）根據米的質地和特點，掌握正確泡發的時間。

（2）根據米的質地，結合氣後的溫度的變化來掌握用水的溫度。例如在冬季應使用約30℃溫水，而夏季則用常溫冷水。

（3）泡發過程中，應勤換水，以防止因生水中雜菌孳生而產生酸敗。

（4）透過觀察米有無硬心來確認是否已泡發透，無硬心就是已經完全泡發。

## 二、常用原料簡介

**糖：**做天府小吃，或說任何小吃都離不了糖，既能用於調味又能當主味。在四川最常用的是紅糖與白糖、冰糖。紅糖是未精煉的糖，濃濃的甘蔗香味，風味鮮明；白糖則經過除色去雜質的過程，甜味香純，可與各種原料搭配。冰糖是白砂糖加上蛋白質原料，經再溶解與潔淨過程後重新結晶而製成的大顆粒結晶糖，甜度適中、香氣醇，也是川點常用的糖。

**醪糟：**醪糟是四川傳統米製發酵小吃所需酵母菌的來源，菌種相對複雜，菌數及活力則相對較少與弱，反應在發酵的速度上就是在25~28℃的環境下，大約需要5~6小時。優點是風味較為豐富多變。

**酵母粉：**四川傳統米製小吃的發酵是依靠醪糟中的酵母菌，在食品工業的進步下，生產出菌種單純，菌數及活力旺盛的純酵母產品，因此在發酵的速度上比用醪糟發酵的快約3~4倍，在25~28℃的環境下，大約只要1.5小時。但風味上稍嫌單薄。

**可可粉：**可可粉又名可哥粉，棕黑色帶苦，但有濃郁的香氣，在川味小吃中主要用於粉團調色，以便於製作象形小吃。

**吉士粉**：吉士粉（Custard Powder），又稱蛋粉、卡士達粉，具有濃郁的奶香味和果香味，呈淡黃色粉末狀，易溶化。吉士粉原是用於西點中，後來經香港廚師引進，才逐漸用於中式點心與烹調。把吉士粉和水混合，即成卡士達醬。算是食品香料粉的一種。

**澱粉**：這裡的澱粉是指麵粉、太白粉（生粉）、澄粉等，在四川米小吃中，麵粉多半用於調製甜餡心，使餡心能成形以便於包製。太白粉則是加水後用於鹹餡的勾芡，目的一樣是要便於包製。澄粉則多半在燙熟後揉入粉團中以改變粉團的質地或口感。

**瓊脂**：瓊脂常見俗名為洋菜、洋菜膠、菜燕，在西點中稱之為吉利 T，是從海藻類植物中提取的膠質，市面上可買到粉狀、角狀、條狀、絲狀等等不同型態。使用時需在 90 ℃左右水中泡煮至溶化、看不見顆粒為止。常被用於果凍、茶凍、咖啡凍等甜品。口感較動物性凝結用途的明膠脆爽。

**蜜餞、果乾**：蜜餞在川式米小吃中用得很廣，可做餡心，也可用於提色、點綴，增加小吃的姿色，或是直接混入，一來增加口感變化，二來增添滋味。常用的有蜜紅棗、蜜玫瑰、蜜冬瓜條、橘餅、糖漬紅櫻桃、蜜青梅、葡萄乾等等。

**堅果、豆類**：花生、芝麻、杏仁、瓜子仁、核桃等堅果在米製小吃中常是滋味與口感變化的關鍵，因米製小吃多半口感軟糯，整顆或是切成粒狀的堅果在其中蹦出酥、香、脆的口感與滋味，讓人意猶未盡。有些則是能磨成粉製成餡心，如芝麻、花生等。

豆類：豆類可說是川點餡心的主角，如紅豆洗沙餡、綠豆沙餡。而黃豆做成的熟香黃豆粉常是糍粑類小吃的絕配，可說是「裹」在外面的「餡」。當然豆類適當處裡後也能作為口感變化、增香提味的用途，如油酥黃豆、鬆綿的綠豆仁。

山珍海味：對於鹹鮮麻辣味的各式四川米小吃，山珍海味是絕對少不了的，從海鮮、河鮮到豬、牛、羊、雞、兔等及各式葷素食材，能做菜的，四川大廚都能把它變成小吃主角。

小蘇打：在米製小吃中，小蘇打的角色主要在於中和發漿的酸味，其次因其中和過程中會產生氣體，有助於成品進一步漲發。

食用鹼粉：食用鹼粉在米製品小吃中的作用在於糊化澱粉，使成品晶瑩微黃。早期沒有純鹼粉時是以稻草梗燒成灰，再溶於水中，待沈澱後就能得到天然生物鹼的鹼水。若是將食用鹼粉混在植物油油中即成為鹼油，相較於鹼粉的效果，鹼油可以減少澱粉糊化後的沾粘問題。

要特別注意的是食用鹼粉係以純碳酸鈉製成，屬於強鹼，具有腐蝕性，要避免使用不耐腐蝕的塑膠等容器。若不小心直接食用，應盡速送醫！

石灰：石灰在米製品小吃中是一個無可取代的材料。一般是與清水混和後待其沉澱，取上層清透的石灰水來用。其作用主要是使米漿變性產生凝結，產生爽滑的口感，像是涼粉、涼糕涼蝦都要用到，因為改變了米漿的性質，使滋味變得更豐富。

## 三、各種米粉的加工方法

初加工好的米粉分為乾磨粉、濕磨粉、水磨粉三種類型，而米粉加工品質的好壞，會直接影響小吃的品質。

乾磨粉：乾磨粉顧名思義，就是將大米（秈米、粳米）、糯米等不經水浸泡就直接磨製而成。這種米粉的優點在於容易保存，但口感較差。飲食行業中應用較少。

**濕磨粉：**濕磨粉的做法是先以清水淘去米粒中塵渣，淘淨後倒入筲箕中瀝水、靜置約 60 分鐘，使米粒吸收一定的水分，使得米粒的質地變得鬆脆，以便於磨碎。為確保米粒能吸收足夠的水分，需要中途淋水，冬天時空氣乾燥可多淋些水，夏天濕度大就可少淋些。接著用石磨或機器磨粉，磨的過程中不再加清水，這種濕磨的米粉質地細膩，製品口感軟糯。這種型式的米粉含有一定水分，不耐存放，特別是夏天，應隨用隨磨才能保證成品的品質和特色。最經典的應用就是川味小吃中的「蒸蒸糕」，只是蒸蒸糕的濕磨粉做法另有關鍵程序，就是要將吸收水分的濕米炒製後再磨成粉。

**水磨粉：**將米淘洗潔淨後，浸泡約 24 小時，中途需換水數次，直到把米心浸泡透，接著用石磨或磨漿機器磨製，米粒磨漿時需同時加清水一起磨成粉漿，這種粉漿就是水磨粉。根據水磨粉的含水量和發酵與否，一般又分為「水漿」、「吊漿」、「發漿」三種類型。

水磨粉在川味小吃中應用廣泛，是川味小吃的重要原料，可說超過 1/3 的川味小吃都是採用水磨粉加工而製成的。

（1）水漿：大米（籼米、粳米）經淘洗、浸泡、加清水磨細即成水漿。水漿在川味小吃製作中，多用於涼糕、涼粉、涼蝦、米粉這類口感爽滑的製品。大米、水量比例則視具體的小吃品種而定。

（2）吊漿（又稱混合吊漿）：這類吊漿因按不同品種小吃的口感、質地等需求而以不同比例的米來混合磨製，所以又稱「混合吊漿」。一般磨製流程是將按比例量取的大米和糯米淘洗清淨後經浸泡、磨漿加工而成米漿，再將裝滿米漿的棉布袋吊起滴乾水分，即成吊漿水磨粉團。

吊漿粉團的應用一般有兩大類。一是需要綿實口感、能成形定形的小吃品種，吊漿的組成是以大米為主，糯米為輔，如「銀芽米餃」、「鳳翅玉盒」、「海參芙蓉包」、「魚翅玉芙蓉」等。一是需要口感軟糯，多成圓形、

橢圓或扁圓形的小吃品種，如「賴湯圓」、「珍珠丸子」、「葉兒粑」這種類型的小吃，其吊漿就是是以糯米為主，大米為輔製作而成的。

在川味小吃中，水磨粉中的吊漿應用很廣，也產生許多有名的川點小吃，因此製作吊漿時，要應根據製品特點準確掌握大米與糯米的混合比例，常見的比例有有 3：7 的「三七開」和 2：8 的「二八開」。

（3）發漿：發漿是用大米為原料，經淘洗、浸泡後磨製成米漿後，加進適量的「老酵漿」（俗稱「老發漿」），待其發酵而成。

發漿製法有兩種，第一種是取 500 克上等大米淘淨，浸泡 12 小時左右，濾乾水分加清水 500 克，50 克熟米飯混合磨成乾稀適度的米漿，盛入缸內，加老酵漿（按 10：1 的比例），攪勻，待其發酵。

第二種是將大米浸泡後，直接磨成米漿，按 10：1 的比例留一小部分，倒入鍋中加熱成熟（俗稱「打熱芡」）。再將熟漿混合在米漿中，加發酵老漿發酵而成。

發酵時間的長短，根據季節氣溫高低，加入的「酵漿」多寡而定，一般夏天發酵 5~6

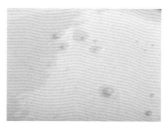

米漿經發酵後會出現小氣泡。

小時左右，冬天發酵 10~12 小時左右。發漿有老嫩之分，老發漿酵重，酒味濃，發漿輕還帶有米香味，製作時有酸味，應加適量的小蘇打中和酸度，一般的比例是 500 克老發漿加 3 克左右的小蘇打，嫩發漿 500 克則只需加 1 克左右的小蘇打。發漿在川味小吃中常見的製品如「白蜂糕」、「米發糕」等之類小吃。

米製品小吃原料的加工製作，除上述三種主要製法外，還有其他特定用途或工藝程序較不一樣的製作方法。例如用完整米粒製作小吃點心，常見的有將糯米淘淨後蒸熟，以製作「醪糟」、「八寶飯」、「方塊油糕」。或是用生糯米浸泡透後，包入粽葉內成「粽子」等等。

此外，因種植技術進步與貨流暢通，讓以往相當少見，如泰國香米或「黑米」等，特別是熟透後口感滋糯的黑米被廣為使用，加上黑米具有一定的滋補性，營養價值十分高，是現在營養學提倡食用的健康食品，而有成為流行原材料的新型的米種類。黑米依其特性，可直接用來製作「黑米八寶粥」、「黑米糕」等小吃，更可將黑米製成「吊漿」，製作成黑色的「湯圓」、「黑珍珠丸子」等。

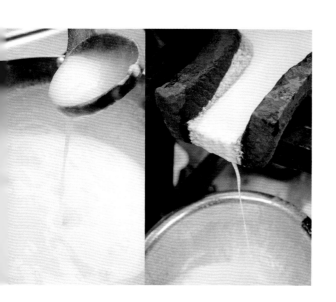

## 第二章
# 米製品小吃基本工藝與常用配方

### 大米吊漿粉
（又稱吊漿、吊漿粉）

**原料：**

配方一：秔米 4000 克，長糯米 1000 克，清水 6500 克

配方二：秈米 3500 克，圓糯米 1500 克，清水 6500 克

**做法：**

1. 將米用清水淘洗乾淨，入盆用清水浸泡，夏季約 1 天，冬季則 3 天左右，每天換水 1~2 次。
2. 用清水淘洗米至水清亮後，將米撈出放入磨漿機中，配合持續而適量的水磨成極細的米漿。

3. 將米漿入倒入棉布袋內吊起，吊至水分滴乾即可得吊漿粉料約 6250 克。
4. 將吊漿粉料撥成細碎粒狀，風乾或烘乾後碾成粉狀即成乾糯米吊漿粉。

### 糯米吊漿粉
（又稱糯米水磨粉）

**原料：**

配方一：長糯米 4000 克，秔米 1000 克，清水 6500 克

配方二：圓糯米 3500 克，秈米 1500 克，清水 6500 克

吊漿粉基本程序：米泡透、加水磨漿、裝袋吊乾。

**做法：**

1. 將米用清水淘洗乾淨，入盆用清水浸泡，夏季約 1 天，冬季則 3 天左右，每天換水 1~2 次。
2. 用清水淘洗米至水清亮後，將米撈出放入磨漿機中，配合持續而適量的水磨成極細的米漿。
3. 將米漿入倒入棉布袋內吊起，吊至水分滴乾即可得吊漿粉料約 6250 克。
4. 將吊漿粉料撥成細碎粒狀，風乾或烘乾後碾成粉狀即成乾糯米吊漿粉。

米粉團除以吊乾方式外，也可以用壓乾的方式，所需時間較短。

---

## 糯米粉
（又稱水磨糯米粉、吊漿糯米粉）

**原料：**

圓糯米 1000 克（可按成品需求換成長糯米），清水 2500 克

**做法：**

1. 將米用清水淘洗乾淨，入盆用清水浸泡至透，夏季約 1 天，冬季則 3 天左右，每天換水 1~2 次。
2. 用清水淘洗泡透的米至水清亮後，撈出瀝乾。
3. 瀝乾泡透的米放入磨漿機中，配合持續而適量的清水（總量約 2500 克）磨成極細的米漿。
4. 將米漿入倒入棉布袋內吊起，吊至水分滴乾即可得吊漿粉料約 1250 克。
5. 將吊漿粉料撥成細碎粒狀，風乾或烘乾後碾成粉狀即成乾糯米粉。

---

## 大米粉
（又稱粘米粉、水磨大米粉、吊漿大米粉）

**原料：**

大米 1000 克（可按成品需求選用秈米或稉米），清水 2500 克

**做法：**

1. 將米用清水淘洗乾淨，入盆用清水浸泡，夏季約 1 天，冬季則 3 天左右，每天換水 1~2 次。
2. 用清水淘洗泡透的米至水清亮後，撈出瀝乾。
3. 瀝乾泡透的米放入磨漿機中，配合持續而適量

的清水（總量約 2500 克）磨成極細的米漿。

4. 將米漿入倒入棉布袋內吊起，吊至水分滴乾即可得吊漿粉料約 1250 克。

5. 將吊漿粉料撥成細碎粒狀，風乾或烘乾後碾成粉狀即成乾大米粉。

---

## 基本水漿

**原料：**

米 500 克（依成品需求選用秈米、粳米、圓糯米或長糯米），清水 1500 克

**做法：**

1. 將米淘洗潔淨後，浸泡約 24 小時，中途需換水，夏天平均 6 小時換一次，冬天平均 12 小時換一次。直到把米心浸泡透。

2. 將泡透的米撈出瀝乾後，用石磨或磨漿機器磨製成米漿，磨米漿的過程中需持續加入適量的清水一起磨（清水總量 1200 克）。磨好的即為大米水漿。

---

## 濕磨粉

**原料：**

秈米 1000 克，糯米 100 克

**做法：**

1. 以清水淘去米粒中塵渣，淘淨後倒入笪箕中瀝水，靜置約 60 分鐘，使米粒吸收一定的水分。

2. 為確保米粒能吸收足夠的水分，需在瀝水、靜置中途均勻淋水，冬天時空氣乾燥可多淋幾次水，夏天濕度大可少淋些。

3. 接著用石磨或機器磨粉，磨的過程中不再加水。

4. 應注意的是濕磨粉的含水量不足以長時間維

持適當的溼度，但這含水量又是最容易酸敗的狀態。特別是夏天，應隨用隨磨才能保證成品的品質和特色。

---

## 發漿
（又稱酵母米漿）

**做法一** **原料：**

500 克大米（依成品需求選用秈米或粳米），清水 2000 克，50 克熟米飯，老酵漿 250 克，小蘇打 10 克

**做法：**

1. 大米淘洗淨，浸泡約 24 小時，直到把米心浸泡透。中途需換水，夏天平均 6 小時換一次，冬天平均 12 小時換一次。

2. 將泡透的米撈出瀝乾後均勻混入熟米飯，用石磨或磨漿機器磨製成米漿，磨米漿的過程中需持續加入適量的清水一起磨（清水總量 2000 克）。

3. 將磨好的米漿盛入缸內，加老酵漿攪勻，靜置發酵。一般夏天發酵 5~6 小時左右，冬天發酵 10~12 小時左右。

4. 發酵完成後再分 2~3 次下入小蘇打攪勻，以中和發酵過程產生的酸味。

**做法二** **原料：**

500 克大米（依成品需求選用秈米或粳米），清水 2000 克，老酵漿 250 克，小蘇打 10 克

**做法：**

1. 將米淘洗潔淨後，浸泡約 24 小時，中途需換水，夏天平均 6 小時換一次，冬天平均 12 小時換一次。直到把米心浸泡透。

2. 將泡透的米撈出瀝乾後，用石磨或磨漿機器磨製成米漿，磨米漿的過程中需持續加入適量的清水一起磨（清水總量 2000 克）。

3. 取 1/10 的米漿，約 250 克，倒入鍋中加熱成熟（俗稱「打熱芡」）。

4. 將煮好的熟漿均勻混合在米漿中,再加入老酵漿攪勻,靜置發酵。一般夏天發酵 5~6 小時左右,冬天發酵 10~12 小時左右。

5. 發酵完成後再分 2~3 次下入小蘇打攪勻,以中和發酵過程產生的酸味。

[ 大師秘訣 ]

發漿有老嫩之分,老發漿酵味重,嫩發漿酵味輕且仍有米香,製作的成品多少會有酸味,若成品質量要求沒有發酵酸味,則需加適量的小蘇打中和酸度,一般嫩發漿加入的小蘇打基本量為總重的千分之 2,老發漿則是總重的千分之 6。應依實際發酵的老嫩狀態做增減。

成都茶舖子。

# 老酵漿
（又稱老發漿）

**做法一** 原料：

大米水漿 1000 克，醪糟汁 250 克

做法：

1. 將醪糟汁加入大米漿中攪勻。

2. 夏天靜置於 25~28℃的陰涼處充分發酵約 2 天 48 小時即成。

3. 冬天靜置發酵的室內溫度若可控制在 25~28℃，發酵時間一樣約 2 天 48 小時即成。若溫度低於 15℃，所需發酵時間就要視實際溫度延長，一般 3 天，最多延長至 5 天。

**做法二** 原料：

大米水漿 1000 克，乾酵母 35 克

做法：

1. 在大米漿中加入乾酵母攪勻。

2. 夏天靜置於 25~28℃的陰涼處充分發酵 4~5 小時即成。

3. 冬天靜置發酵的室內溫度若可控制在 25~28℃，發酵時間一樣 4~5 小時即成。若溫度低於 15℃，所需發酵時間就要視實際溫度延長，一般延長為 12~24 小時。

**[ 大師秘訣 ]**

老酵漿發酵時間的長短，應根據季節氣溫高低，使用的酵母種而定，應在大量製作前先少量製作，確認發酵的時間與溫度需求。

# 熟米粉

原料：

秈米 1000 克，清水 1500 克

做法：

1. 將大米淘洗淨，用清水浸泡 3 天，每 4~6 小時換一次水（冬季 7 天，每 8~12 小時換一次水），直至米無硬心。

2. 取泡好的秈米加上適量的清水磨成米漿，再以棉布袋將米漿的水過濾出來成坨粉。

3. 將濾出水分的坨粉於陰涼處靜置 1 天（冬季約 3 天）後做成一球形米坨，上蒸籠旺火蒸約 20 分鐘成為外熟內生的米坨。

4. 把米坨取出晾冷後搗碎，再揉合在一起，揉勻後做成能放入壓粉機大小的筒狀米坨子。

5. 鍋內加清水，以旺火燒沸後，把米坨子放入壓粉機壓入鍋內，煮約 1~2 分鐘至熟撈出，漂入涼水中即成熟米粉，備用。

**[ 大師秘訣 ]**

1. 泡米的時間一定要足夠，中途換水次數要夠，才能保證粉的品質。

2. 蒸粉坨的火應選用旺火蒸製，避免米坨吸附過多的水分。

3. 若沒有壓粉機，也可採用漏粉勺，用手拍打壓成粉絲。漏粉杓的孔眼大小約筷子粗，或用大瓢均勻鑽上多個筷子粗的眼子做成漏粉勺。

## 蛋黃粉

**原料：**

蛋 2 個（視成品需求選用雞蛋、鴨蛋或鹹鴨蛋）

**做法：**

1. 鍋中加水，放入蛋後開中火煮約 15 分鐘至熟。

2. 將煮熟的蛋去殼，將蛋白與蛋黃分離，蛋白另作他用。

3. 取熟蛋黃搓成細粒狀，進烤箱以 120℃烤約 15 分鐘至完全乾後再搓成細粉狀，即成。

## 粉皮米粉

**原料：**

上等秈米 500 克，清水 750 克

**做法：**

1. 大米 500 克淘洗淨，加清水泡 4~5 小時，另取大米 50 克，入鍋煮至七成熟，撈出晾冷後與瀝乾的大米混合加清水 750 克磨成米漿。

2. 將米漿分次舀入繃子（特殊工具：用竹子紮成圓形竹圈兩個，一個稍大，套在一起，中間繃上細紗布，直徑大約 45 公分）內攤平，約 0.2 公分厚，浮置於沸水鍋內的水面，燙約 2~3 分鐘。

3. 待米粉皮定型，隨著滾沸起伏時將竹繃子離鍋，晾至米粉皮起皺紋時趁溫熱揭起，搭在竹竿上晾至微乾，切成約 0.1 公分寬的細條，即成米粉。

**[ 大師秘訣 ]**

1. 磨漿前，必須加入熟米坯（俗稱熟芡），米漿才不會有沉澱現象而維持均勻的稠度。

2. 米漿要磨成稍稠的漿。

3. 製燙米粉皮時要保持中度滾沸，粉皮才容易定型。

## 洗沙餡

**原料：**

赤小豆 500 克（也可選用紅豆），清水 1200 克，化豬油 200 克，白糖 200 克

**做法：**

1. 將赤小豆用涼水浸泡 8~12 小時至完全透。

2. 把泡好的紅豆放進高壓鍋裡，倒入清水，水量為淹過紅豆約 3 公分。

3. 蓋上鍋蓋加上閥門，開火大火煮，當上氣後轉中火，高壓煮約 30 分鐘至炢爛。

4. 取一湯鍋裝半鍋清水，將煮好的赤小豆倒入篩麵粉的細網篩中，一手拿住網篩，一半浸入清水中，接著另一手揉搓炢爛紅豆，使豆沙經過網篩進入水裡。

5. 持續揉搓至網篩中只剩過濾后的赤小豆皮。

6. 將湯鍋中的豆沙漿倒入製作吊漿粉的棉布袋中吊起，底下放一個接水的容器，吊至水分全乾。

7. 淨炒鍋置中火上，下化豬油 100 克，化開後轉小火，加入步驟 6 吊乾的豆沙不斷翻炒。

8. 炒至豆沙水分蒸發、翻沙後起鍋，再加入化豬油 100 克、白糖拌勻，即成洗沙餡。

**[ 大師秘訣 ]**

1. 炒洗沙的火候應掌握好，最忌炒焦烟。

2. 豆類原料經煮爛漂洗去皮的工藝稱之為洗沙，洗沙餡因而得名，也稱之為豆沙餡，可以用紅豆、綠豆、蚕豆等製作。洗沙餡若沒特別註明原材料通常是指紅豆沙餡。

## 蓮茸餡

**原料：**

蓮子 350 克，清水 750 克，白糖 300 克，化豬油 200 克，小蘇打粉 5 克

**做法：**

1. 將蓮子捅去蓮心，洗淨後下入鍋中加清水 750 克、小蘇打粉，用中火煮約 20 分鐘至熟透。

2. 撈出熟蓮子，瀝乾水後用機器絞成泥茸狀，放入棉布袋，綁緊袋口，以重物壓乾水分成蓮子茸。

3. 取淨鍋置中火上，放化豬油 100 克燒至 4 成熱，放入蓮子茸、白糖，轉中小火炒至水分完全蒸發後，再加化豬油 100 克炒勻成餡，晾冷即成蓮蓉餡。

**[ 大師秘訣 ]**

1. 蓮子必須捅去帶苦味的心，才不會影響成品風味。

2. 煮蓮子時適當放點小蘇打，可使之容易煮爛。

3. 炒蓮子茸泥的火力不宜過大，要不斷地翻攪，避免黏鍋炒焦。也可用植物油炒製。

成都市大慈寺一景。冬日的成都處處飄著臘梅香。

## 芝麻甜餡

**原料：**

黑芝麻粉 20 克（可按需要換成白芝麻粉、花生粉等），白糖 200 克，化豬油 50 克

**做法：**

1. 將黑芝麻粉加入白糖、化豬油拌合，反復柔和均勻後即為甜餡。

2. 按小吃品種需要分切成小塊，以方便包製。一般是先擀壓成約 1.5 公分厚的長方塊，再用刀切成長寬各約 1 公分的小塊。

## 五仁甜餡

**原料：**

酥核桃仁 50 克，熟花生仁 50 克，熟白芝麻 50 克，甜杏仁 50 克，熟瓜子仁 50 克，化豬油 110 克，白糖 100 克，熟麵粉 65 克（見 059）

**做法：**

1. 將酥核桃仁、熟花生仁、熟白芝麻、甜杏仁、熟瓜子仁分別剁碎、壓細後放入盆中。

2. 將化豬油、白糖、熟麵粉加入盆中，揉和均勻即成五仁甜餡。

3. 餡料質地要滋潤不散，油量是關鍵，少了不成團，多了發膩，因此化豬油可先下 4/5，視情況再加入其他的部分。

## 八寶甜餡

**原料：**

蜜紅棗 50 克，糖漬紅櫻桃 50 克，蜜冬瓜條 50 克，蜜青梅 50 克，橘餅 50 克，葡萄乾 50 克，熟火腿 100 克，剁碎酥核桃仁 50 克，化豬油 100 克，白糖 100 克，熟麵粉 100 克（見 059）

**做法：**

1. 蜜紅棗、糖漬紅櫻桃、蜜瓜圓、蜜青梅、橘餅、葡萄乾、熟火腿分別剁細，製入盆中。
2. 再加入白糖、剁碎酥核桃仁、化豬油、熟麵粉揉和均勻，即成八寶甜餡。

## 熟豆粉

**原料：**

乾豆子 100 克（依需求選用黃豆、黑豆等）

**做法：**

1. 將乾豆子倒入鍋中用小火乾炒至熟並出香味，放涼備用。
2. 將炒得熟香、放涼的豆子用石磨或磨粉機研磨成粉即成。

## 熟芝麻粉

**原料：**

芝麻 100 克（依需求選用白芝麻或黑芝麻）

**做法：**

1. 將芝麻淘洗淨，瀝乾水分，攤在平盤上入烤箱，以 150℃烤約 15 分鐘至熟脆，取出放涼。
2. 或是將瀝乾水分的芝麻倒入炒鍋中用小火乾炒至熟、脆、出香，起鍋放涼。
3. 把放涼的芝麻倒在案板上，用擀麵杖壓成芝麻粉，或用石磨、磨粉機研磨成粉，即成。

## 熟麵粉

**原料：**

低筋麵粉 50 克

**做法：**

1. 將麵粉均勻鋪在烤盤上，放入 150℃烤箱烤約 10 分鐘至熟即可。此作法的熟麵粉較為白皙。
2. 另一方法是將麵粉倒入炒鍋中，以小火慢炒至熟。此作法的熟麵粉顏色偏米黃色。

## 太白粉水
### （又稱水澱粉）

**原料：**

太白粉 10 克（可依需要改用玉米粉、豆粉或豆菱粉，葛粉、木薯粉），清水 15 克

**做法：**

1. 將太白粉置入碗中，加入清水攪勻即可。
2. 太白粉水靜置後會沉澱，使用前務必再次攪勻。

## 西谷米煮法

**原料：**

西谷米 50 克

**做法：**

1. 湯鍋下入清水 1500-2000 克以中大火燒沸，下西谷米後轉中火，煮的過程要不斷攪拌，以免黏鍋。
2. 煮約 10 分鐘，當西谷米呈半透明的狀態時，撈出西谷米，倒入涼水中。
3. 西谷米泡在涼水期間，再燒一鍋水（同樣是 1500-2000 克），水沸後撈涼水中半透明的西谷米下入沸水鍋煮，一樣需不斷攪拌，以免黏鍋。
4. 滾煮至西谷米中心只剩一點點小白芯時就關火，蓋上鍋蓋燜約 30 分鐘至西谷米全部透明，再撈出倒入涼水中漂涼即成。

## 蛋清太白粉糊

**原料：**

雞蛋清 1 個，太白粉 50 克

**做法：**

1. 將太白粉下入雞蛋清中攪勻即成蛋清太白粉糊。

小吃店老闆正在製作黃涼粉。

## 鹼油

**原料：**

食用鹼粉 5 克，熟菜籽油（或其他植物油，如沙拉油、葵花油等）100 克

**做法：**

1. 將食用鹼粉置於碗中，倒入熟菜籽油。
2. 輕輕攪拌讓食用鹼粉均勻散佈於油中即成。
3. 因食用鹼粉不溶於油，會產生沉澱，使用前都需再攪勻。

## 石灰水

**原料：**

按小吃品項的比例需求量取需要之純白石灰及清水

**做法：**

1. 若需要濃度 5% 的石灰水，即指 5 克白石灰加 100 克清水
2. 將白石灰放入碗中，加清水後適度攪拌使其混和均勻。
3. 將攪拌好的石灰水靜置約 6-8 小時至完全澄清後，滓出上面的清透石灰水，此即濃度 5% 的石灰水。
4. 其他濃度之石灰水做法一樣。

巴蜀米製品小吃

# 西米珍珠圓子

**風味 · 特點｜** 色似白玉，晶瑩閃亮，皮糯不黏牙，紅白相襯，香甜宜人

 001

**原料：（5 人份）**

糯米吊漿粉 500 克（見 052），清水 30 克，西谷米 75 克，紅豆洗沙餡（見 057）250 克，糖漬紅櫻桃 5 顆

**做法：**

1. 西谷米淘洗淨後以沸水燙一下撈起，飄入涼水中浸泡半小時成「裹米」，瀝水後備用；糖漬紅櫻桃切半，待用。

2. 糯米吊漿粉加清水揉成滋潤粉團。

3. 將粉團分成 10 個劑子，逐個包入洗沙餡心，搓成圓形成圓子生胚。

4. 將圓子生胚放在「裹米」中均勻沾裹上米粒，放入鋪有紗布的蒸籠內擺好，再於每個圓子的頂上嵌半顆紅櫻桃。

5. 上蒸籠，以旺火蒸約 8 分鐘即成。

**[ 大師訣竅 ]**

1. 「西谷米」一定要浸泡透，蒸熟後才有晶透感。

2. 圓子沾裹米務必沾裹均勻，成品才美觀。

3. 蒸製時間的計算是須等水滾沸且蒸氣上來並將蒸籠放上後，才開始計時。

4. 粉團的黏糯度影響成品形態與口感，必須掌握糯米、秈米的比例及粉團水分。

5. 除洗沙餡外，還可選用其他甜餡或鹹味餡製作。

6. 此小吃的糯米吊漿粉經典比例：7 份長糯米、3 份秈米。

 002

# 五彩繡球圓子

風味 · 特點｜ 皮軟而糯，色彩鮮豔，外形美觀，餡味鮮香

**原料：（10 人份）**

糯米吊漿粉 500 克（見 052），清水 30 克，肥瘦豬肉 250 克，口蘑 50 克，紹興酒 10 克，芽菜 50 克，醬油 15 克，化豬油 100 克，熟胡蘿蔔絲 50 克，蛋皮絲 50 克，熟絲瓜綠皮絲（去掉最外層綠粗皮後的綠皮）50 克，胡椒粉 1 克，香油 2 克

**做法：**

1. 豬肉剁成細粒；芽菜洗淨切成細粒；口蘑切成小顆。

2. 將炒鍋置火上，放化豬油中火燒五成熱，加入豬肉末炒熟，加紹興酒、醬油、胡椒粉、口蘑、芽菜炒勻起鍋，拌入香油晾冷即成餡心。

3. 糯米吊漿粉加清水拌和揉成滋潤粉團，均勻分成 20 個小劑，分別包入餡心後，搓成圓形，置於蒸籠中。

4. 上籠，大火蒸約 8 分鐘至熟透後，取出趁熱沾裹上熟胡蘿蔔絲、蛋皮絲、絲瓜綠皮絲後裝盤可。

**[ 大師訣竅 ]**

1. 肉餡不要炒製過乾，口感較滋潤；味不能過鹹，鹹了就不爽口。

2. 餡心必須晾冷後方可包製，熱餡心的熱氣會使圓子皮破裂。

3. 和糯米粉團時不可過軟或太硬，分次加入清水以控制軟硬度。

4. 蒸製時間要控製好，久蒸圓子皮會太炲軟，應趁皮熱而黏時沾裹絲料。

5. 餡心也可選用各種甜味餡，外面裹的絲料應改用甜香味紅綠蜜餞切的絲。

6. 此小吃吊漿粉經典比例：6 份圓糯米、4 份秈米。

*063*

# 🌸 003

# 綠豆糯圓子

風味 · 特點│色澤淡綠，糍糯細軟，香甜爽口

**原料：（5 人份）**

糯米吊漿粉 500 克（見 048），綠豆 250 克，蜜紅棗 250 克，蜜桂花 35 克，白糖 150 克，化豬油 100 克

**做法：**

1. 蜜紅棗去掉核，放入碗內，上籠蒸約 20 分鐘至軟，取出倒在案板上，揉搓成泥茸再加白糖、化豬油、蜜桂花混合均勻，搓成小丸子形的餡心 20 個。

2. 綠豆淘洗淨，倒入沸水鍋內煮至皺皮時，倒入小笥箕中，用小木瓢輕輕擦搓去綠豆皮，然後放入清水中，待綠豆皮浮於水面上後，撈出豆皮，瀝取沉底的綠豆仁置於寬盆中，上蒸籠以大火蒸約 8 分鐘至熱待用。

3. 將糯米吊漿粉揉勻分成大小均勻的劑子 20 個，，包入餡心，搓成圓形，入籠用旺火蒸約 8 分鐘至熟後取出，趁熱放入蒸熟的綠豆上滾沾均勻，擺盤即成。

**[ 大師訣竅 ]**

1. 蜜紅棗須蒸軟才便於加工，可用機器絞製，效果更佳且快捷。

2. 去皮前的煮綠豆程序切勿將綠豆煮製過軟，造成去皮困難。也可用市售綠豆仁泡透蒸熟來用。

3. 蒸圓子時，應在籠中墊上紗布以免底部黏住。

4. 可用市售湯圓粉加清水做成的粉團替代糯米吊漿粉，粉水比例約為 5：4。

5. 此小吃的糯米吊漿粉經典比例：8 份長糯米，2 份秈米。

# 🌸 004

# 醪糟小湯圓

風味 · 特點│
醪糟香濃，湯圓軟糯，味道甜美

**原料：（5 人份）**

糯米吊漿粉 400 克（見 048），清水 30 克，大竹醪糟 150 克，水 1500 克，白糖 100 克，枸杞子 20 顆，雞蛋 4 個（選用）

**做法：**

1. 糯米吊漿粉分次加入清水，水量以揉和成軟硬適中的粉團為度。

2. 再依次從粉團捏下小塊，搓成小的圓形狀，成為無餡小湯圓生坯。

3. 鍋內將清水燒沸，將小湯圓生坯入鍋煮製（可加雞蛋一起食用，雞蛋要在下湯圓前下入），浮起後，加入白糖、醪糟和枸杞子，成熟後盛入碗內。

**[ 大師訣竅 ]**

1. 若沒有吊漿粉也可使用市售的湯圓粉，粉水比例約為 5：4，和粉成團時不要過軟。

2. 煮湯圓時水量要寬些、要多些，湯圓較不易沾黏。

3. 醪糟應起鍋前再下，略煮出香即可。久煮會將醪糟風味、香氣給煮掉了。

4. 此小吃吊漿粉經典比例：7 份圓糯米、3 份秈米。

## 🌸 005

# 成都賴湯圓

風味・特點｜白嫩軟糯，皮薄滋潤，口感細膩，香甜適口

**原料：（5 人份）**

圓糯米吊漿粉 500 克（見 052），清水 30 克，白糖 200 克，黑芝麻粉 20 克（見 059），化豬油 50 克

**做法：**

1. 黑芝麻粉加入白糖、化豬油拌合，反復柔和均勻後擀壓成 1.5 公分厚的長方塊，再用刀切成長寬各約 1 公分的小塊，即為餡心。

2. 將吊漿粉加清水揉勻至粉團表面呈光滑狀，均分成 25 個小粉團劑子。

3. 取一塊劑子，放入手心壓出一個窩，包入餡心捏緊、搓圓即成湯圓生坯。依序將全部的湯圓生坯做好，備用。

4. 將水燒沸後，下入湯圓，煮至浮起，酌加適量清水（保持微沸狀），煮至熟透即成。吃時可配白糖、麻醬蘸食。

**[ 大師訣竅 ]**

1. 吊漿粉要磨細，確保細膩口感。

2. 吊漿粉加清水揉成粉團時，水量過多成品軟爛，過少容易破。

3. 煮時掌握好火候，適度輕推以防止黏鍋底、渾湯。

4. 此小吃所用之圓糯米吊漿粉的經典比例為 7 份圓糯米、3 份秈米。

5. 若不方便自製吊漿粉，可用市售湯圓粉 300 克加清水 240 克揉成的粉團替代。

## 🌸 006

**原料：（5 人份）**

糯米吊漿粉 500 克（見 052），去皮豬前夾肉 100 克，菠菜 250 克，薑汁 10 克，川鹽 1 克，口蘑醬油 3 克，胡椒粉 1 克，白糖 5 克，料酒 1 克，香油 1 克，雞湯 70 克

**做法：**

1. 菠菜洗淨後放入攪拌機內絞茸取汁。將菜汁 100 克同糯米吊漿粉揉成綠色粉團。

2. 取 50 克粉團入鍋煮成熟粉團，再將熟粉團加入到生粉團中揉勻，分成約 20 克重，大小均勻的小塊劑子 25 個。

3. 豬肉放入絞肉機中絞成肉末後，放入盆內加薑汁、料酒、精鹽、白糖、口蘑醬油、胡椒粉、香油拌勻，分次加入雞湯攪打成餡心。入冰箱冷藏，約 2~3 小時至能定型。

4. 將粉團用手捏成窩狀，裝入肉餡，用手捏攏，收緊口，入沸水鍋內煮製成熟，盛入碗中，加點煮湯圓的熱湯即可食用。

**[ 大師訣竅 ]**

1. 和粉團時必須加入熟粉團充分揉製，才能避免煮製時湯圓皮產生裂縫。

2. 餡心拌和時雞湯應分數次加入，拌和時朝一個方向攪拌。

3. 此湯圓餡料湯汁較多，必須進冰箱冷藏至能定形，才便於包捏。

4. 包餡心時須採捏包再滾圓的手法，不能用搓圓包攏的手法，以避免湯圓皮破裂。

5. 若無法自製糯米吊漿粉，可用市售湯圓粉。

# 翡翠肉湯圓

風味・特點｜色澤碧綠，餡鹹鮮適口，皮軟糯清香

## 🌸 007

# 橙香枇杷湯圓

風味 · 特點│ 造型美觀逼真，味香甜滋潤

**原料：（10 人份）**

乾糯米粉 400 克（見 053），澄粉 50 克，沸水 25 克，豆沙餡 300 克，濃縮橙汁 350 克，吉士粉 25 克，可可粉 15 克

**做法：**

1. 將澄粉放入盆中，倒入沸水燙熟後揉勻成澄粉麵團，取約 15 克的麵團揉入可可粉成為咖啡色麵團。

2. 糯米粉同吉士粉拌和均勻，加入濃縮橙汁，再加入熟澄粉麵團揉勻成橙黃色混合粉團。

3. 將粉團搓條後分成 30 小劑，用手壓扁成湯圓皮，分別包入豆沙餡料，搓捏成枇杷形。

4. 取咖啡色麵團搓短條，安插在枇杷形湯圓上成枇杷蒂，入熱水鍋內煮製成熟後撈入碗中，灌入適量煮湯圓的熱湯即可食用。

**[ 大師訣竅 ]**

1. 澄粉必須要用沸水燙製才有黏性，加入米粉團後能增加可塑性。

2. 吉士粉同糯米粉要和均勻後，再加果汁，一來顏色均勻，二來口感滋味一致。

3. 粉團不能太軟，以免影響成形。

# 胭脂莧菜湯圓

風味 · 特點 | 色澤紅潤，皮軟糯，餡味鮮香

**原料：（10 人份）**

乾糯米粉 400 克（見 053），清水 100 克，莧菜 650 克，去皮肥瘦豬肉 350 克，蘑菇 100 克，料酒 15 克，醬油 10 克，胡椒粉 10 克，川鹽 2 克，白糖 35 克，細蔥花 20 克，香油 3 克，化豬油 50 克

**做法：**

1. 將去皮肥瘦豬肉切成米粒大小的顆粒，蘑菇切成同樣大小的顆粒。

2. 炒鍋內放化豬油，下肉粒用中火炒散籽，放入料酒、醬油、川鹽、胡椒粉、白糖 10 克，接著下入蘑菇粒炒香後起鍋，晾至涼透後加入香油、蔥花拌勻成餡。

3. 莧菜洗淨，放入打汁機加清水絞成茸後用棉布過濾取汁。

4. 將莧菜汁 350 克加入糯米粉中和勻，揉成粉紅色粉團，分成均勻的小劑子 30 個。

5. 把劑子逐個用手捏成窩狀，舀入餡心，捏緊封口後輕輕捏壓整形成湯圓生坯。

6. 將湯圓生坯入沸水鍋中以中小火煮製成熟撈出即成，搭配煮湯圓的熱湯食用。

**[ 大師訣竅 ]**

1. 豬肉選用肥多瘦少的為佳，口感上較細嫩、滋潤。

2. 餡料炒製時不宜炒得太乾才顯滋潤，餡料放涼拌好後可放進冰箱冷藏 1~2 小時，更便於包製。

3. 莧菜汁應分次加入，以控制粉團顏色，避免過深或太淺。若顏色恰當但粉團太硬可改加清水調節。

4. 包好後輕輕捏壓整形，切勿用手搓整形，否則湯圓皮容易破。

5. 皮料包製時封口要捏牢，才能避免至熟過程中因膨脹產生露餡的問題。

# 玫瑰玉米湯圓

**風味・特點｜** 皮軟糯，做工小巧玲瓏，餡心香甜可口

## 009

**原料：（10 人份）**

乾糯米粉 250 克（見 053），乾玉米粉 150 克，清水 320 克，蜜玫瑰 10 克，酥核桃仁 50 克，蜜冬瓜條 25 克，白糖 250 克，化豬油 100 克，熟麵粉 50 克（見 059）

**做法：**

1. 將蜜冬瓜條切成小丁，核桃仁切碎。

2. 蜜玫瑰與白糖、化豬油、熟麵粉、蜜冬瓜丁、核桃仁放入盆中拌和均勻成餡心。

3. 將玉米粉同糯米粉混合均勻，分次加入清水揉成黃色玉米粉團，搓成長條分成 50 個小劑子。

4. 將劑子逐個包入餡心，搓成圓形，入沸水鍋內煮製成熟，配上煮湯圓水即可食用。

**[ 大師訣竅 ]**

1. 餡心中蜜玫瑰不可多放，若想提色可加少許食用色素，不可過多，餡心顏色呈粉紅色較為自然。

2. 玉米粉用量不能過多，以免口感變得粗糙。

3. 煮製時不宜用火過猛，隨時加點清水，保持沸而不騰，以確保成形漂亮。

## 010

# 芝麻糯米圓子

風味 · 特點｜ 軟糯香甜，形似珍珠

**原料：（10 人份）**

糯米吊漿粉 400 克（見 052），清水 30 克，熟黑芝麻粉 75 克（見 059），熟白芝麻 100 克，蜜紅棗 25 克，蜜冬瓜條 20 克，橘餅 20 克，花生仁 50 克，核桃仁 50 克，化豬油 100 克，白糖 200 克

**做法：**

1. 將核桃仁、熟花生仁壓成碎粒；蜜紅棗去核切成細顆粒；蜜冬瓜條、橘餅切成細顆粒。

2. 將做法 1 處理好的原料全部放入盆中，加入熟黑芝麻粉、白糖、化豬油拌勻成餡心後，倒在案板上整成厚約 1 公分的長方片，再均勻切成 20 小塊。

3. 糯米吊漿粉分次加清水揉勻成滋潤粉團，均勻分成 20 個劑子，包入餡心，搓成圓形，置於蒸籠中。

4. 將蒸籠加蓋置於沸水鍋上，蒸約 10 分鐘左右取出，趁熱沾裹上熟白芝麻即成。

**[ 大師訣竅 ]**

1. 芝麻等餡料應碾細、切細，確保爽口感，但應避免處理成糊泥狀，皮、餡口感混淆，欠缺層次。

2. 糯米吊漿粉加清水不宜過多，避免粉團太軟，影響成形。

3. 掌握好蒸製時間，蒸製應用旺火，一氣蒸成，中途切勿斷氣、斷火。

4. 趁圓子熱時，皮的黏性大，均勻沾裹白芝麻。

✿ 011

# 成都糖油果子

風味 · 特點｜ 金黃發亮，皮脆內糯，甜香爽口

**原料：（5 人份）**

糯米吊漿粉 500 克（見 052），紅糖 250 克，熟白芝麻
100 克，小蘇打 5 克，菜籽油 1500 克（實耗 120 克左右）

**做法：**

1. 將糯米吊漿粉加入小蘇打後揉勻，搓成條，扯成 25 克
   重的劑子，滾成圓形後用手指在中心按一個窩，再封
   好口，使其內呈空心而皮厚薄均勻，即成生坯。

2. 鍋置旺火上，下菜籽油燒至五成熱左右，放入紅糖融
   化成糖油後，逐個放入生坯炸製，全下入後改用中火
   翻炸，不斷地推動油果子，炸約 10 分鐘至皮呈棕紅色
   時撈出，放入熟白芝麻中沾裹均勻即成。

**[ 大師訣竅 ]**

1. 成品口感好壞關鍵在糯米與大米的比例。

2. 磨米漿時，一定要磨得越細越好。

3. 炸製時要不斷推動，以免相互黏連。

4. 此小吃吊漿粉經典比例：7 份長糯米、3 份秈米。

**原料：（10 人份）**

乾糯米粉 500 克（ 見 053），清水
450 克，熟澄麵 50 克（見 143），
乾酵母 3 克，白糖 55 克，白味果凍
（無調味果凍）100 克，白芝麻 200
克（實耗約 60 克），沙拉油 1500
克（實耗 100 克），原味奶茶粉 200
克，滾熱開水 400 克，熟西谷米 50
克（見 059）

**做法：**

1. 把糯米粉放入盆中，加入白糖 30
   克、酵母、清水、熟澄麵，揉搓
   成質地均勻的麵團。

2. 白味果凍切成 30 小塊，白芝麻
   倒入盤中，備用。

3. 把麵團分成 35 克的劑子 30 個，
   壓扁後包入一小塊果凍，再放到
   白芝麻盤中沾上一層白芝麻，即
   為麻圓生坯備用。

4. 沙拉油倒入鍋中，以中小火燒至
   三成熱，放入麻圓生坯，炸至膨
   脹浮起後，轉中火把油溫升至
   五成熱，炸至皮色金黃有脆感，
   起鍋放在吸油紙上，吸去表皮的
   油。

5. 把原味奶茶粉兌入熱開水 400
   克、白糖 25 克成濃奶茶，放涼
   至 50 度時加入熟西谷米拌勻成
   奶茶西谷米汁，將其裝入適當的
   擠料瓶中。

6. 用筷子將炸好的麻圓開一個小
   洞，將奶茶西谷米汁灌入麻元內
   即成。食用時配上吸管。

**[ 大師訣竅 ]**

1. 米粉團不能揉得太軟，不易成
   型，因此清水可分次加入以便控
   制軟硬度。

2. 果凍必須包在中心，以免炸製時
   破口、不成形。

3. 炸至膨脹浮起後油溫不可過低，
   否則容易變型漏湯。

4. 麻圓外皮要炸稍微老一點、炸
   脆，灌汁後才不易變形。

**012**

# 灌汁麻圓

**風味．特點┃** 成型美觀，皮脆湯鮮美，吃法獨特

## ❀ 013

# 涼瓜糯米圓子

風味・特點｜色澤碧綠，皮酥香清涼，餡味甜香

**原料：（10 人份）**

乾糯米粉 400 克（見 053），清水 200 克，涼瓜（苦瓜）800 克，豆沙餡 300 克，白糖 50 克，沙拉油 1000 克（約耗 100 克）

**做法：**

1. 涼瓜洗淨，切小塊，放入榨汁機內，榨取涼瓜汁。

2. 白糖入鍋，加 200 克水中火煮開後，以小火繼續熬至冒小泡狀態即成糖漿。

3. 糯米粉入盆內，倒入糖漿、涼瓜汁 250 克拌和均勻，揉成粉團後分成 30 個劑子，包入豆沙餡心，搓成圓形即為圓子生坯。

4. 鍋內以中小火燒油至三成熱時，下入圓子生坯，保持三到四成的油溫炸至皮酥浮起，熟透時撈出即成。

**[ 大師訣竅 ]**

1. 涼瓜應去淨瓜瓤，打成汁後才細膩。

2. 熬糖須用小火熬製，熬至糖汁成小飛絲即可。

3. 炸製的油溫不能過高，以免外焦內生或爆裂現象。

 014

# 鳳凰米餃

風味 · 特點 |
色澤白淨，形如眉毛，皮軟糯，餡心鮮美爽口

**原料：（5 人份）**

大米吊漿粉 400 克（見 052），帶骨雞肉 450 克，冬筍 100 克，口蘑 50 克，老薑 25 克，蔥 25 克，冰糖 20 克，料酒 15 克，胡椒粉 10 克，醬油 15 克，川鹽 5 克，香油 3 克，雞精 5 克，鮮湯 400 克（見 049）

**做法：**

1. 將雞肉宰切成大塊，加薑、蔥、冰糖、料酒、鮮湯、鹽、醬油、胡椒粉、雞精燒至雞肉熟軟後撈出，將雞肉去骨切成小丁。

2. 冬筍、口蘑切成小丁，一併同雞肉丁加香油拌勻成餡。

3. 大米吊漿粉揉和成團，入鍋煮至成熟撈出，揉擂成滋潤柔滑的粉團。

4. 逐一分成 20 個劑子，分別擀成小圓片。包入餡心，對折成半月形，用手鎖上花邊，即成鳳凰米餃生坯。

5. 將餃子生坯放入蒸籠中，上鍋用旺火蒸約 2 分鐘即成。

**[ 大師訣竅 ]**

1. 雞肉須連骨燒熟後，再去淨骨，一定要燒熟軟。

2. 粉團不宜煮製過軟，避免再蒸時不成型。

3. 蒸製時間切勿過長，也是避免不成型。

4. 可用市售秈米粉替代，一般比例為 5 份秈米粉加 4 份水。

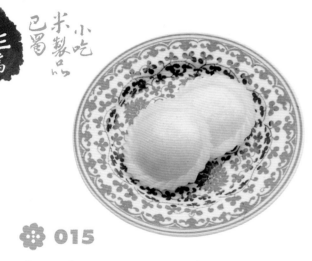

## 015

# 蝦仁白玉盒

風味 · 特點｜色白如玉，餡鮮而嫩，小巧玲瓏，造型美觀

**原料：（10 人份）**

大米吊漿粉 400 克（見 052），鮮河蝦仁 250 克，冬筍 150 克，蘑菇 150 克，蔥白花 50 克，料酒 5 克，川鹽 5 克，胡椒粉 3 克，化豬油 100 克，蛋清太白粉糊（見 060）35 克，直徑 8 公分不鏽鋼圓模具 1 只

**做法：**

1. 鮮河蝦仁用刀從背上劃一刀，取出蝦線，切成小丁；冬筍、蘑菇分別切成豌豆大小的顆粒。

2. 鍋內以中火燒化豬油，蝦仁用料酒、胡椒粉、鹽、蛋清太白粉糊碼勻上漿後，入油鍋中滑炒熟，加入冬筍粒、蔥白花、蘑菇粒炒勻起鍋，入冰箱冷藏約 2 小時成餡。

3. 大米吊漿粉入籠蒸約 8 分鐘至熟取出，揉擂成團，用擀麵棍擀成薄皮，再以不鏽鋼圓模具壓切出 40 片薄圓片。

4. 先用一張圓皮舀入餡料，再用一張圓皮蓋上，捏緊邊緣，用手鎖上花邊，全部完成後入籠蒸製 2~3 分鐘即成。

**[ 大師訣竅 ]**

1. 餡料炒製好後需靜置涼透後再冷藏使其能成形，以便於包製。

2. 不可使用熱餡料包製，成品容易破。

3. 皮、餡都是熟的，蒸製的目的是要熱吃，因此蒸的時間切勿過長，以避免炝軟不成型。

4. 可用市售秈米粉替代，一般比例為 5 份秈米加 4 份水。

## 016

**原料：（5 人份）**

大米吊漿粉 400 克（見 052），清水 20 克，去皮豬肥瘦肉 200 克，綠豆芽 250 克，料酒 15 克，郫縣豆瓣 15 克，川鹽 3 克，醬油 10 克，蔥花 10 克，化豬油 50 克

**做法：**

1. 將豬肥瘦肉剁成肉末，豆瓣剁細，綠豆芽去頭尾。

2. 炒鍋內放化豬油以中火燒熱，將肉末入鍋煵炒散籽，烹入料酒，下豆瓣繼續煵炒至紅亮，放入醬油、鹽炒勻後鏟入盆中。

3. 再將綠豆芽下入鍋中以中火稍微炒熱斷生，出鍋後切成細短節，拌入肉餡中，加蔥花拌勻成餡心。放涼備用。

4. 大米吊漿粉分次加入清水揉勻成團，入蒸籠蒸約 8 分鐘至熟取出，擂揉成滋潤熟米粉團。

5. 扯成大小一致的劑子 20 個，擀成圓皮，包上餡心，捏成豆莢形花紋，一一入籠擺齊，大火蒸約 2 分鐘至熟即成。

**[ 大師訣竅 ]**

1. 綠豆芽不宜久炒，避免失水分。

2. 餡心必須涼透後才能包製。

3. 封口處切勿沾到油脂，會讓口封不緊。

4. 掌握好蒸製時間，一次蒸熟透，也不宜久蒸。

5. 此小吃吊漿粉經典比例：7 份秈米加 3 份長糯米。

# 銀芽米餃

風味・特點｜色白軟糯，餡味鮮香爽口，造型小巧玲瓏

## ❀ 017
# 大米四喜餃
風味 · 特點｜色白軟糯，色彩分明，餡味鮮美爽口

**原料：（5人份）**

大米吊漿粉 400 克（見 052），清水 20 克，去皮豬肥瘦肉 300 克，水發香菇 50 克，水發玉蘭片 50 克，熟雞蛋黃 50 克，熟胡蘿蔔 50 克，萵筍 50 克，水發木耳 50 克，化豬油 50 克，醬油 15 克，紹興酒 5 克，胡椒粉 3 克，川鹽 2 克，細香蔥白花 15 克

**做法：**

1. 將肥瘦豬肉剁成碎末；水發香菇、玉蘭片切成小顆粒。另將熟蛋黃、水發木耳、熟胡蘿蔔、萵筍分別切成細末，成為黃黑紅綠原料。

2. 炒鍋內放化豬油，將肉末放入鍋中用中火炒熟，放紹興酒、醬油、川鹽、胡椒粉炒勻後起鍋入盆，再加入香菇粒、玉蘭片粒、細香蔥白花拌勻成餡料。

3. 將大米吊漿粉加清水揉成米粉團，分成小塊入鍋煮熟隨即撈出，接著一起揉成滋潤米團，分成均勻的劑子 20 個。

4. 取一劑子擀成圓皮，包入餡心，將頂部留 4 個小孔分別放入黃紅白綠原料點綴即成米餃生坯。

5. 所有米餃生坯按上述做法一一完成、擺入蒸籠，接著上鍋以大火蒸約 3 分鐘至熟即成。

**[ 大師訣竅 ]**

1. 餡料不能炒製過乾，味不能過大過重，口感、滋味才精緻，才能與雅緻的外型相呼應。

2. 餡心必須晾冷後，方可包捏。用熱餡包捏，成品容易破裂。

3. 煮製米團不可過久，剛熟最好，因為成品還要再蒸製，煮過熟則質地太軟，成品形狀容易走樣。

4. 此小吃吊漿粉經典比例：7 份秈米加 3 份圓糯米。

5. 吊漿粉可用市售的梗米粉加水調製的粉團替代，粉水比例約為 5：4。

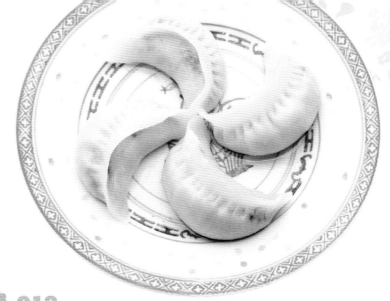

 018

# 海參玉餃

風味 · 特點│ 皮色白而細糯，餡味鮮美，營養豐富

**原料：（10 人份）**

泰國香米吊漿粉團 500 克（見 052），水發遼參 250 克，熟火腿 35 克，熟豬肥膘肉 100 克，冬筍 50 克，料酒 10 克，薑片 10 克，蔥節 10 克，胡椒粉 5 克，川鹽 5 克，雞精 3 克，雞汁 35 克，鮮湯 350 克（見 149），太白粉水 35 克（見 059），口蘑醬油 10 克，化豬油 100 克，蔥花 15 克

**做法：**

1. 取泰國香米吊漿粉分成小塊，揉成粉砣，放入籠內大火蒸約 8 分鐘至熟取出，揉擂成軟硬適當，滋潤光滑的粉團。

2. 遼參整理乾淨，加鮮湯 300 克、薑片、蔥節、料酒 5 克、川鹽、雞精、胡椒粉 2.5 克，以小火煨約 10 分鐘至入味後撈出，切成小顆粒。火腿、冬筍、熟肥膘肉分別切成小顆粒。

3. 炒鍋內放化豬油，開中火炒香薑蔥，摻鮮湯 50 克，下遼參顆、火腿顆、冬筍顆、肥肉顆，再放入料酒 5 克、胡椒粉 2.5 克、雞汁、醬油、雞精炒勻，勾太白粉水，拌入蔥花，放至涼透後成餡。

4. 將粉團扯條分成 20 個劑子，逐個將劑子　製成小圓皮，分別包入餡心，對折捏成花邊餃形，入籠蒸約 2 分鐘至熱透即成

**[ 大師訣竅 ]**

1. 此小吃的泰國香米吊漿粉經典比例為：8 份泰國香米，2 份圓糯米。

2. 米浸泡的時間不能過短，磨出的米漿才細膩。

3. 粉團蒸熟後，一定要揉擂得光滑不黏，才顯得滋潤。

4. 餡心必須冷透後才能包製，餡料也不能太稀，以避免漏餡。

5. 皮、餡都已製熟，因此蒸製時間切勿過長，熱透即可。

茶香飄逸，茶藝柔美的四川功夫茶。

手工炒製的竹葉青。

## 🌸 019
# 紅油兔丁涼餃

風味 · 特點 | 形態飽滿,皮軟糯而白,餡料微辣鮮香回甜

**原料:(10 人份)**

大米吊漿粉 400 克(見 052),清水 30 克,熟兔肉 300 克,豆豉醬 30 克,碎花生仁 30 克,紅油辣椒 35 克,蔥白顆粒 25 克,醬油 5 克,花椒粉 15 克,白糖 25 克,醋 5 克,熟白芝麻 5 克,蒜泥 10 克,香油 5 克

**做法:**

1. 將熟兔肉宰成豌豆大的小丁,加豆豉醬、紅油辣椒、白糖、醬油、醋、花椒粉、蒜泥、蔥白顆粒、香油、熟白芝麻、碎花生仁拌勻,成紅油兔丁餡。

2. 大米吊漿粉加清水揉勻,上籠蒸約 8 分鐘至熟取出,揉擂成軟硬適度的粉團,扯成大小一致的劑子 20 個,分別擀成餃子皮,舀入餡料,包成三角形餃子即成。

**[ 大師訣竅 ]**

1. 熟兔肉一定要去淨骨,不可宰得過大,口感不佳,過細沒有口感。

2. 拌料時,注意醬油的用量,宜少不宜多。

3. 包捏時,餃皮上不能沾上油汁,封口才能緊實。

4. 涼餃只能涼食,不能再蒸製,蒸熱後滋味會走掉。

5. 米餃皮的軟硬度應比糍粑硬一點。

## 🌸 020

**原料:(10 人份)**

大米吊漿粉 400 克(見 052),清水 20 克,熟蟹肉 150 克,熟豬肥膘肉 400 克,冬筍 100 克,川鹽 5 克,胡椒粉 5 克,雞精 3 克,白糖 10 克,香油 5 克,蔥白粒 25 克

**做法:**

1. 將大米吊漿粉加清水和成滋潤粉團,分成小塊狀上籠蒸約 8 分鐘至熟。

2. 將熟蟹肉、熟豬肥膘肉、冬筍分別切成綠豆大的粒,加入川鹽、胡椒粉、雞精、白糖、香油、蔥白粒拌均勻成蟹肉餡心。

3. 取出蒸熟的粉團,趁熱揉擂在一起,成軟硬適度、滋潤光亮的粉團

4. 將粉團搓條分成大小均勻的小劑 20 個,將劑子按扁,再於抹了少許油的案板上擀成極薄的圓粉皮,邊緣壓成荷葉邊。

5. 依次在圓粉皮中包入餡心,捏成燒賣形,上籠蒸 2~3 分鐘至熟即成。

**[ 大師訣竅 ]**

1. 大米粉團坯一定要蒸熟透,趁熱揉勻,涼了會發硬不好揉。

2. 粉皮擀製時,案板上抹點油,利於將皮擀薄,且不易擀爛。

3. 蒸製燒賣的時間不能過長,蒸久了粉皮會變得軟爛而使成品不成形。

4. 此小吃之吊漿粉經典比例為:7 份秈米,3 份圓糯米。

# 蟹肉白玉燒賣

風味 · 特點 | 色白如玉，形如白菊，餡細嫩鹹鮮

## ✿ 021

# 成都三大炮

風味・特點｜質地糍糯柔軟，味道香甜爽口

**原料：（5 人份）**

糯米 500 克，沸水 100 克，紅糖 125 克，清水 125 克，熟黃豆粉 85 克（見 059），熟白芝麻 20 克

**做法：**

1. 糯米洗淨，用清水浸泡 8 小時，然後瀝乾水分裝入墊有濕紗布的蒸籠內蒸約 25 分鐘至熟。

2. 將蒸熟的糯米飯倒入石碓窩內，摻入沸水，待沸水全部被米飯吸收後再舂茸成糍粑，置於盆中備用。

3. 紅糖放入鍋中，加清水，以小火熬製約 8 分鐘，成為濃而有稠度的紅糖汁。把黃豆粉放入直徑約 50 公分的簸箕內鋪開。

「三大炮」糍粑吃的是一個熱鬧！

4. 選用一個長約 120 公分的小桌子，在靠自己的這一端放上一個長寬約 70×50 公分方形木盤，木盤的兩側放兩組或四組（每組 2~3 個重疊）銅盞。在木盤上方兩寸處緊接放裝有熟黃豆粉的簸箕。

5. 取糍粑團 3 個，用手搓成圓球，分 3 次連續用力甩向木盤，發出 3 次聲響並彈落在簸箕內沾上黃豆粉。

6. 將裹上黃豆粉的糍粑團裝入盤中，澆上紅糖汁，撒上熟白芝麻即成。

**[ 大師訣竅 ]**

1. 蒸米過程中，應適量的灑些水，讓糯米的含水量趨於一致，以得到較好的口感。需用旺火一氣蒸熟，避免米心沒透。

2. 用碓窩舂時，應緩緩地舂，質地越細膩，口感糯性效果越好。

3. 熬紅糖汁時注意掌握好火候，太稀了巴不上糍粑，過濃則不方便食用。

4. 糍粑圓球要用力而準確的甩，使其聲音響亮，營造熱鬧氣氛。

原料：（10 人份）

糯米 500 克，無調味紅豆沙 150 克（見 057），白糖 200 克，蜜桂花 10 克，花生油 100 克，鮮紅玫瑰花瓣 5 瓣，熟黃豆粉 150 克（見 059），熟白芝麻粉 25 克（見 059）

做法：

1. 糯米淘洗淨，用清水浸泡 2~3 小時，瀝乾水分，倒入墊有濕紗布的蒸籠內，以大火蒸約 25 分鐘至成熟。

2. 抓住紗布四角，將熟糯米飯取出蒸籠，倒入碓窩中，稱熱舂茸成糍粑後用濕紗布蓋上，晾涼備用。

3. 將紅玫瑰花瓣放入碗中搓揉至滲出微量紅色汁液，加入 50 克白砂糖輕搓至上色即成玫瑰砂糖。

4. 將未炒製無調味紅豆沙入鍋加花生油，以小火炒至酥香，放白糖 150 克、蜜桂花續炒至翻沙狀，起鍋晾冷。熟白芝麻粉、黃豆粉，一起放入盆中拌勻成裹粉。

5. 將糍粑分成 20 克重的劑子 30 個，壓扁後分別包入豆沙餡，搓成圓球形後壓成扁圓形，在拌勻的裹粉中均勻沾裹一層，裝盤後在每個糍粑上撒上些許玫瑰砂糖即成。

[ 大師訣竅 ]

1. 蒸米過程中，中途應灑水 1~2 次，使之均勻熟透。

2. 舂茸成糍粑後蓋上濕紗布，以避免表面乾硬。

3. 炒豆沙需注意掌握好火候，糖要最後下，避免豆沙餡硬化。

 022

# 涼糍粑

風味・特點｜軟糯甜香，入口涼爽

# 鴛鴦葉兒粑

風味・特點│色澤碧綠，餡料雙味，清香宜人

## 023

**原料：（8 人份）**

糯米 500 克，大米 125 克，清水 30 克，豬肥瘦肉 250 克，芽菜 50 克，川鹽 2 克，料酒 5 克，醬油 5 克，胡椒粉 2 克，蔥白粒 5 克，芝麻甜餡 125 克（見 057），化豬油 8 克，菠菜 250 克，芭蕉葉適量

**做法：**

1. 將糯米、大米淘洗淨，用清水浸泡漲，取一半直接磨成米漿裝入棉布口袋吊乾水分成白色吊漿粉。

2. 另一半加入洗淨的菠菜一併磨成米漿，裝入棉布口袋吊乾水分成綠色吊漿粉。

3. 豬肥瘦肉剁碎。炒鍋內放化豬油加入肉粒、芽菜炒散籽，放川鹽、料酒、醬油、胡椒粉炒勻，起鍋晾冷加蔥白粒成鹹餡。

4. 將白色和綠色吊漿粉各加清水 15 克揉勻，各自分成每個重約 25 克的劑子 16 個。

5. 將白色劑子分別包入甜芝麻餡心，綠色劑子分別包入鹹餡心，搓成小圓筒狀成葉兒粑坯。

6. 取芭蕉葉修理成長約 20 公分，寬約 5 公分的長片狀，芭蕉葉刷油後放上白、綠葉兒粑坯各一，裹在一起成生坯，入蒸籠蒸約 8 分鐘至熟即成。

**[ 大師訣竅 ]**

1. 米一定要泡足兩天時間，磨出的米漿才細膩。

2. 粉團揉製時，清水不可一次全加入，應邊揉邊加，才能控制軟硬度。

3. 芭蕉葉洗淨後，也可放入沸水鍋中燙軟後取出，更便於包裹。

4. 蒸製必須用旺火，才能避免外皮軟爛不成形。

5. 粉團可用市售湯圓粉加菠菜泥及水替代。

## 024

# 玫瑰夾心涼糍粑

風味 · 特點｜ 色美味香，糯軟醇香，涼爽適口

**原料：（10 人份）**

糯米 500 克，洗沙餡 200 克（見 057），熟白芝麻粉 15 克（見 059），熟黃豆粉 50 克（見 059），白糖 100 克，蜜玫瑰 20 克，鮮紅玫瑰花瓣 10 瓣

**做法：**

1. 將糯米淘洗淨，用溫水泡約 3 小時後瀝乾水分，倒入墊有濕紗布的蒸籠內鋪平，以旺火蒸製約 8 分鐘至熟。

2. 把蒸熟糯米飯倒入石碓窩中舂茸成糍粑，蓋上濕紗布避免表面乾硬，備用。

3. 將紅玫瑰花瓣放入碗中搓揉至滲出微量紅色汁液，加入白糖輕搓至上色，成為玫瑰砂糖。

4. 蜜玫瑰切細，與洗沙餡一起放入盆中拌勻即成玫瑰洗沙餡。芝麻粉同黃豆粉拌勻，成芝麻黃豆粉。

5. 將糍粑鋪在案板上晾冷後，分成兩半，一半鋪放在撒有芝麻黃豆粉的案板上，擀壓為厚約 0.8 公分的方形片。

6. 把玫瑰洗沙餡均勻地抹上，然後再將另一半糍粑　成大小厚薄相同的片，蓋在洗沙餡上成夾心狀；再把芝麻黃豆粉撒在其面上，用刀切成方形塊或菱形塊，上面用玫瑰砂糖點綴後擺盤即成。

**[ 大師訣竅 ]**

1. 蒸米飯時中途應灑兩次水讓米能均勻蒸透，中途不能斷火，避免夾生。

2. 若沒有石碓窩，也可在盆子內用擀麵棍舂茸。

3. 鋪夾餡料時厚薄應均勻一致，成品才顯得雅緻。

## 🏵 025

# 新都葉兒粑

風味・特點 |
皮軟糯有韌性，餡甜鹹雙味，不黏牙，不黏葉，不黏筷子

### 原料：（10 人份）

糯米 350 克，大米 150 克，去皮豬肥瘦肉 300 克，臘肉 100 克，白糖 350 克，化豬油 50 克，酥核桃仁 25 克，熟麵粉 35 克（見 059），紅糖 50 克，甜麵醬 15 克，醬油 10 克，豬板油 150 克，芽菜 75 克，料酒 3 克，胡椒粉 2 克，艾葉 40 克，芭蕉葉適量，菜籽油 25 克

### 做法：

1. 糯米、大米淘洗淨，浸泡 24 小時後，加入艾葉磨漿後吊乾成吊漿粉，然後加紅糖、化豬油揉均勻，製成皮坯料待用。

2. 將芭蕉葉洗淨，入沸水中汆一水撈起漂入冷水中，再撈出抹乾水分待用。

3. 核桃仁切成細粒，豬板油洗淨切細粒，再加白糖、熟麵粉揉勻成甜餡。

4. 去皮豬肥瘦肉切成綠豆大的顆，臘肉切細末。芽菜洗淨切細末。炒鍋置火上，下菜籽油燒熱，放肉顆炒散籽，加料酒、甜麵醬、醬油炒上色，再加入臘肉粒、芽菜、胡椒粉起鍋，晾涼成鹹餡。

5. 將皮坯料分成 20 個劑子，甜餡、鹹餡各包 10 個，整成長圓形，裹上刷過油的芭蕉葉，上籠蒸約 20 分鐘至熟即成。

### [ 大師訣竅 ]

1. 米一定要浸泡漲，中途需換水一二次，漿要磨得細膩，成品口感才佳。

2. 如沒有艾葉可以味道不突兀的綠色菜葉替代。

3. 芭蕉葉包裹時，必須刷上油以避免沾黏而影響食用方便性。

4. 掌握好蒸製時間，不能斷火，一氣蒸熟。

5. 吊漿粉可用市售湯圓粉替代，水粉比例約為 4:5，於揉製粉團時加入艾葉茸，但市售湯圓粉糯米大米比例不確定，成品軟糯度不好控制。若有太軟的情形可加適量澄粉調整。

著名的「東方斜塔」，位於成都市新都區寶光寺的「無垢淨觀舍利寶塔」。

## ✿ 026

# 瀘州黃粑

風味 · 特點 | 軟糯甜爽、香氣濃郁

原料：（50 人份）

糯米 3500 克，大米水漿 1500 克（見 054），白糖 500 克，紅糖 700 克，清水 700 克，化豬油 25 克，良薑葉適量

做法：

1. 將糯米浸泡 8 小時漲透後瀝乾水分，入墊有紗布巾的蒸籠蒸約 2 小時至熟。

2. 紅糖加清水溶化，大火煮滾後即成紅糖漿。良薑葉洗淨，入沸水鍋內汆一水撈出放入涼水中漂涼。

3. 將大米水漿加入白糖、紅糖漿攪勻，倒入熱熟糯米飯攪勻，加蓋燜發約 30 分鐘，當汁乾收汗後即黃粑坯料。

3. 取一張良薑葉抹乾水分，刷上化豬油，再取黃粑坯料搓成長 8 公分，寬厚各約 3.5 公分的方條放在葉子上面的一端，包卷成方形，用麻繩捆住中間部位，即可上蒸籠旺火蒸製 15 分鐘成熟。

[ 大師訣竅 ]

1. 糯米要泡漲透才蒸製，中途瀉 2 次水確保熟軟均勻。

2. 糯米飯要趁熱倒入大米漿中，蓋上蓋燜發約 30 分鐘，直到收汗汁乾。

3. 此小吃用的大米水漿經典比例：1 份秈米加 3 份清水。

## ✿ 027

# 紅糖軟粑

風味 · 特點 | 色澤紅亮，軟糯滋潤，甜而不膩

原料：（10 人份）

乾糯米粉 350 克，白糖 50 克，清水 2250 克，化豬油 50 克，紅糖 250 克

做法：

1. 先將糯米粉放進盆裡，加入清水 250 克、白糖、化豬油，揉搓成粉團。紅糖切細，備用。

2. 把揉好的粉團搓條，分成 30 個劑子，每個劑子搓圓後壓成軟粑生坯。

3. 鍋中加入清水 2000 克，大火燒沸後轉中火，把軟粑生坯放進鍋內煮。

4. 煮至九分熟時，將切細紅糖下入鍋中煮化，再轉小火煮至軟粑表面色澤棕紅，糖汁變得有稠度時起鍋，即成。

[ 大師訣竅 ]

1. 粉要揉得均勻，以分次加水的方式控制軟硬度。

2. 軟粑生坯煮至九分熟就下紅糖，才容易煮上色。

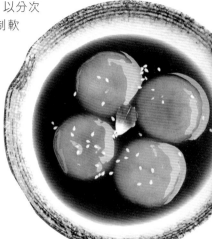

## 🌸 029

# 桃仁甜粑

風味・特點｜清香軟糯，香甜爽口

**原料：（10 人份）**

糯米吊漿粉 1000 克（見 052），白糖 300 克，鮮艾蒿葉 200 克

**做法：**

1. 把吊漿粉搓條，扯成小塊入籠旺火蒸約 6 分鐘成為熟粉團。

2. 艾蒿葉洗淨，切碎用絞磨機絞成茸，加入白糖攪勻。

3. 將熟粉團倒入石碓窩，用木棒舂均勻，然後倒入艾蒿茸糊，繼續用木棒舂勻成艾蒿粉團。

4. 取出艾蒿粉團放入木框方形架內，手上抹少許植物油按壓粉團使其方整，冷後取去除木方架，切成長 16 公分，寬約 10 公分的長條塊，食用時，切成厚約 1 公分的片，可煎製、炸製、烤製食之。

**[ 大師訣竅 ]**

1. 米至少泡 10~12 小時，粉漿才細膩。

2. 蒸吊漿粉團時，扯成小塊才容易蒸到完全熟透。

3. 艾蒿茸糊不要直接全部下入粉團一起舂，應留部分，看粉糰的軟硬度再酌情加入粉團，以免粉團過軟。

4. 也可採用將艾蒿葉直接用機器絞茸後，加到糯米粉中揉和成粉團，蒸熟後壓成糕坯。

5. 此小吃吊漿粉團經典比例：7 份圓糯米、3 份秈米。

## 🌸 028

# 紅糖酥糍粑

風味・特點｜
色澤金黃、外酥內嫩、甜而不膩，有老成都特色

**原料：（5 人份）**

糯米 500 克，紅糖 250 克，清水 250 克

**做法：**

1. 把洗乾淨的糯米浸泡 8 小時。

2. 將紅糖切細，放入鍋內加清水以中火熬至溶化後，轉中小火繼續熬至黏稠狀即成紅糖汁，晾冷備用。

3. 將泡好的米瀝乾水，放入蒸籠用大火蒸約 25 分鐘至熟，中途須揭蓋均勻灑涼水 1-2 次。

4. 把蒸熟的糯米放盆內，趁熱用粗木棒捶茸後，倒入適當大小的長形深方盤內均勻鋪開、整平，晾冷後送入冰櫃凍硬，之後取出用刀改成長方型、厚薄一致的糍粑厚片。

5. 把糍粑厚片入油鍋，炸至兩面金黃色，放入盤內，澆上紅糖汁即成。

**[ 大師訣竅 ]**

1. 米要泡透蒸熟，蒸的過程中灑適量的涼水可使糯米的熟度更均勻。

2. 捶米時須捶茸一點，口感較為細嫩而糯口。

# 030

# 醪糟釀餅

風味 ‧ 特點｜ 軟糯香甜，酒香宜

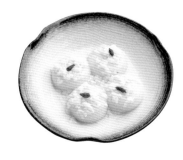

**原料：（10 人份）**

糯米吊漿粉 1000 克（見 052），清水 50 克，醪糟 350 克，橘餅 25 克，蜜冬瓜條 25 克，蜜杏圓 25 克，糖漬紅櫻桃 25 克，熟白芝麻 50 克，白糖 400 克，化豬油 200 克，熟麵粉 50 克（見 059）

**做法：**

1. 將橘餅、蜜瓜條、蜜杏圓、糖漬紅櫻桃切粒剁碎，熟白芝麻碾細，把以上各料混合一起入盆，加白糖、化豬油、熟麵粉拌勻成甜餡心。

2. 吊漿粉揉勻後，分別包入甜餡，做成小圓餅狀，放在盤內，淋入化豬油和 2/3 醪糟，上籠蒸約 8 分鐘至熟，出籠後再淋入另 1/3 醪糟即成。

**[ 大師訣竅 ]**

1. 此小吃的混合米漿要磨得十分細膩，以充分體現軟糯口感。

2. 餅成型不宜過大，大了不方便食用，也少了精緻感。

3. 蒸製時間要掌握好，要熟透又不能蒸製過久而軟爛變形。

4. 此小吃吊漿粉經典比例：8 份圓糯米、2 份秈米。

# 棗泥大米卷

風味・特點｜色白形美，質地軟糯，餡味香甜

## 031

**原料：（5 人份）**

大米吊漿粉 350 克（見 052），清水 50 克，蜜紅棗 250 克，糖漬紅櫻桃 20 顆，酥核桃仁 40 克

**做法：**

1. 蜜紅棗去核，上籠蒸約 20 分鐘至軟，取出與糖漬紅櫻桃一起用刀剁或用機器絞成泥茸；酥核桃仁壓碎後與棗泥茸一起放入盆中拌勻成餡料。

2. 大米吊漿粉加清水揉壓成粉皮，入籠蒸約 8 分鐘至熟，揉成滋潤粉團，用擀麵棍擀成長方形薄片，鋪上棗泥餡，卷攏成卷。用刀斜切成馬耳朵形，擺盤，以糖漬紅櫻桃裝飾即成。

**[ 大師訣竅 ]**

1. 蜜紅棗須剁成細茸，確保細緻柔軟口感。

2. 擀皮應均勻，裹捲須捲緊才不會走樣。

3. 該小吃不需再蒸，屬涼食品種。

四川茶舖子。

## 032

# 臘肉艾蒿饃饃

風味 · 特點｜皮軟糯清香，餡料鹹鮮醇厚

**原料：（5 人份）**

乾糯米粉 400 克，乾秈米粉 100 克，清水 300 克，艾蒿 200 克，去皮臘肉 200 克，乾鹽白菜 200 克，去皮豬肥瘦肉 250 克，化豬油 50 克，白糖 50 克，醬油 20 克，胡椒粉 3 克，熟菜籽油 50 克

**做法：**

1. 去皮豬肥瘦肉、臘肉分別切成小顆粒；乾鹽白菜洗淨用沸水泡約 20 分鐘至軟，切成細粒。

2. 將豬肥瘦肉加化豬油炒散籽，加入醬油、胡椒粉炒香上色，再加入臘肉粒、鹽菜粒、白糖炒勻，盛入盆中晾冷成餡。

3. 艾蒿葉洗淨，切成細粒，同糯米粉、秈米粉混合均勻，加入清水揉成粉團。

4. 粉團分成 20 個小劑子，分別包入餡心後，按成餅的形狀，入蒸籠蒸約 8 分鐘至熟取出。

5. 將蒸熟的艾蒿饃放入平底鍋內用熟菜籽油煎成兩面微黃即成。

**[ 大師訣竅 ]**

1. 鹽菜泡的時間不宜太長，以免鹹味、滋味太淡，影響整體風味。

2. 炒製餡料的溫度不宜過高，掌握好調味方法。

3. 若用糯米吊漿粉製作，就把艾蒿葉同米一起磨細漿，品質效果更佳。

4. 粉團不宜過軟，會影響成形。

5. 艾蒿饃也可蒸熟後直接食用，煎製的成品在於多了酥香味。

## 🌸 033

# 芝麻涼卷

風味 · 特點｜軟糯適口，香甜宜人

**原料：（10 人份）**

糯米 500 克，洗沙餡 400 克（見 057），熟白芝麻 250 克，蜜冬瓜條 35 克，蜜桂花 15 克

**做法：**

1. 糯米淘洗淨，放入墊有紗布的蒸籠內蒸約 30 分鐘成熟糯米飯。

2. 蒸熟後取出，以濕布包上，在案板上搓揉至飯成茸狀團，解開晾冷。

3. 蜜冬瓜條切成粒，同蜜桂花一起加入到洗沙餡中拌勻。

4. 在案板上撒上白芝麻，將糯米團滾上白芝麻，搓成直徑約 1.5 公分，長約 15 公分的長條，接著壓扁成長片。

5. 把洗沙餡放在上面鋪均勻，由兩邊卷到中間捏緊接合，再一次搓滾上白芝麻，然後切成短節段即成。

**[ 大師訣竅 ]**

1. 糯米飯一定要蒸熟，不能夾生。

2. 搓揉飯團要一直揉到不見米粒。

3. 米卷要卷緊，否則切開後，容易散開，形狀也不好看。

## 🌸 034

# 紅糖粽子

風味 · 特點｜清香軟糯，甜香爽口

**原料：（5 人份）**

長糯米 500 克，紅糖 100 克，清水 70 克，熟白芝麻 25 克，粽葉適量、麻繩適量

**做法：**

1. 糯米淘洗淨，用清水浸泡約 8 小時至透心，瀝乾水分。

2. 將粽葉洗淨，取粽葉 2 張，排放重疊 1/3，再卷成圓錐形，舀入糯米，封口處折成三角形，用麻繩紮緊成粽子生坯，入沸水鍋中，以中大火煮約 60 分鐘至熟透。

3. 紅糖加清水，入鍋大火煮滾後轉小火熬約 5 分鐘成濃稠的紅糖汁。

4. 將煮熟的粽子剝去粽葉，盛入碗內，淋上紅糖汁，撒上熟白芝麻即可。

**[ 大師訣竅 ]**

1. 糯米必須泡漲至透心，才容易煮透，且口感較佳。

2. 包裹時，一定要紮緊捆牢，否則煮製過程可能有破漏現象。

3. 掌握好煮製的水量，必須淹過粽子最少 10 公分，避免成熟不均。

4. 也可不淋糖汁，直接蘸白糖食用，換白糖即成白糖粽子。

風靡成都二十多年的手工粽子一條街，有椒鹽、蜜棗、蛋黃、水果、玉米、八寶、排骨、鮮肉、牛肉、板栗、臘肉、雞肉、蛋黃、香腸·等等各種口味的粽子。

 **035**

# 八寶粽子

風味 · 特點│ 色澤棕黃，糯香可口，味鹹鮮宜人

**原料：（5 人份）**

長糯米 1000 克，紅豆 400 克，叉燒肉 100 克，火腿 100 克，燒鴨肉 100 克，水發香菇 75 克，苡仁 25 克，百合 25 克，金鉤 25 克，花生仁 50 克，川鹽 20 克，冰糖 25 克，沙拉油 200 克，雞精 15 克，粽葉適量

**做法：**

1.  糯米、紅豆分別淘洗淨，一起用清水泡約 8 小時至透心。瀝乾水分，加入沙拉油、川鹽、雞精、冰糖拌勻。

2.  金鉤用沸水泡漲，苡仁用水煮熟，百合用沸水汆一水。

3.  香菇切小片，火腿、叉燒肉、燒鴨肉分別切成指甲片。

4.  將做法 2、3 原料及花生仁拌入做法 1 的糯米中混合成米坯。

5.  粽葉洗淨，取粽葉 2 張，排放重疊 1/3，再卷成圓錐形，舀入混合米坯，封口處折成三角形，用麻繩紮緊成粽子生坯。

6.  鍋置旺火上，放入粽子生坯，摻水淹過其約 10 公分，煮製約 60 分鐘，成熟即成。

**[ 大師訣竅 ]**

1.  拌味時均不可過鹹，各配料可在泡發糯米、紅豆期間分別加工好。

2.  捆紮一定要結實，否則煮製過程可能有破漏現象。

3.  煮製時採用先旺火，後中火，最後小火煮製成熟

# 古月胡三合泥

風味 · 特點｜酥香糍糯，香甜可口，營養豐富

**036**

原料：（20 人份）

糯米 300 克，大米 200 克，熟黑豆粉 250 克（見 059），熟白芝麻粉 25 克（見 059），蜜冬瓜條 50 克，油酥核桃仁 50 克，熟花生仁 50 克，橘餅 50 克，蜜玫瑰 10 克，白糖 500 克，清水 2000 克，化豬油 250 克

做法：

1. 糯米、大米淘洗淨，入 80℃熱水中焯一下，撈出後用濕布搭蓋上，靜置約 1 小時，再入淨鍋中以中火炒成微黃色。

2. 把做法 1 炒成微黃的糯米、大米用石磨或磨粉機磨成粉。

3. 橘餅、蜜冬瓜條、花生仁、核桃仁均剁成細粒，備用。

4. 將鍋放旺火上，加清水約 2000 克，下白糖攪勻燒沸後再加蜜玫瑰熬成糖水，轉小火。

5. 將米粉、黑豆粉加入鍋裡熬好的糖水中，保持小火持續加熱，攪勻成稠泥狀即成三合泥坯。

6. 炒鍋置中火上，加入化豬油燒熱，下入三合泥坯，翻炒出香味，加芝麻粉、花生粒、核桃粒再炒至酥香，加入橘餅粒、糖冬瓜粒炒勻起鍋即成。

[ 大師訣竅 ]

1. 大米、糯米也可用 60~70℃溫熱水泡發漲後再炒。

2. 磨好的米粉、黑豆粉要過篩，讓粉能細緻均勻，。

3. 攪三合泥坯時火力不能太大，因粉的吸水率不完全固定，糖水可多熬製一些，然後舀起一部份備用，在攪的過程中若發現太乾即可添加備用糖水。

4. 炒製三合泥時，要炒至吐油程度，火力以中火為原則。

**037**

# 四川油茶

風味 · 特點｜油茶清香、饊子酥脆，味鹹鮮香帶辣，宜作早點、夜宵

原料：（15 人份）

大米 400 克，糯米 100 克，清水 4000 克，饊子 200 克，醃大頭菜粒 50 克，生薑 100 克，蔥結 150 克，紅油 100 克，花椒油 75 克，油酥花生 50 克（見 256），蔥花 25 克，白芝麻粉 25 克，薑末 25 克，川鹽 12 克

做法：

1. 大米、糯米混合磨成米粉。饊了掰成節，備用。

2. 大鍋加清水大火燒開後轉中火，放入拍破生薑塊、蔥結、川鹽。煮出味後除淨浮沫，撈出薑蔥。

3. 放入米粉攪勻成米漿，轉大火燒開後，改用微火煮熟，成油茶糊。

4. 把油茶糊舀入碗中，分別加入紅油、花椒油、蔥花、薑末、大頭菜粒、油酥花生、白芝麻粉及饊子節，即成。

[ 大師訣竅 ]

1. 大米、糯米必須要磨細，油茶糊才細膩。

2. 油茶糊不能太濃稠，口感不佳，過稀則滋味不厚實。

3. 饊子不能過早放入碗內，會軟掉，現吃現放才酥香，口感更有層次。

 038

# 順慶羊肉粉

風味 · 特點 | 湯色乳白，味道鮮香

融合現代與傳統的成都夜景。

**原料：（5 人份）**

熟米粉 500 克（見 056），生薑 15 克，帶骨羊肉 1000 克，豬棒子骨 1000 克，清水 40 公斤，花椒 5 克，胡椒粉 7.5 克，川鹽 5 克，紅油 10 克（見 146），醬油 25 克，香菜 35 克

**做法：**

1. 將羊肉、豬骨放入湯鍋，加入清水 40 公斤；用旺火燒沸並打盡浮沫，加入拍鬆的生薑，下花椒、胡椒粉 5 克，加蓋持續以旺火滾煮。

2. 旺火煮約 2 小時至帶骨羊肉熟透離骨時，取出並剔下羊肉，橫筋切成指甲片，放入乾淨筲箕內作臊子，備用。

3. 繼續以旺火熬製 3~4 小時，至湯色乳白香氣溢出。將乳湯瀝去料渣倒入另一乾淨湯鍋內，用小火保溫，即為原湯。

4. 把裝有羊肉的筲箕浸入原湯鍋內，以中小火保持羊肉及湯熱燙。

5. 取熟米粉 100 克，用清水漂洗 1~2 次後，撈在竹絲漏子內，入做法 4 的湯鍋中加熱，一放一提反復 4、5 次至熱透。

6. 將熱透的米粉倒入碗中，舀入原湯，放入川鹽 1 克、胡椒粉 0.5 克、紅油 2 克、醬油 5 克，舀上羊肉臊子 30 克，撒上香菜即成。

**[ 大師訣竅 ]**

1. 切羊肉時不能順筋切，會嚼不碎。

2. 熟米粉容易酸敗，應盡快食用完。不方便自己做時，可使用市售米粉。

3. 熬羊肉湯時必須打盡浮沫，才能保證湯白味鮮，如再加有羊頭骨，滋味更濃鮮。

4. 煮製好的羊肉湯實際可供 50~60 人份。

 **039**

# 雞湯米粉

風味・特點 | 清香鹹鮮爽口，營養豐富

**原料：（10 人份）**

熟米粉 1000 克（見 056），醬油 100 克，化雞油 50 克，胡椒粉 3 克，蔥花 50 克，理淨母雞 1 只約 1200 克，豬棒子骨 1500 克，清水 10 公斤，整生薑 30 克，川鹽 50 克，紅花椒 5 克，薑末 50 克

**做法：**

1. 將理淨母雞入沸水鍋內汆去血水後撈起，再取一湯鍋加入清水，下入母雞、拍破豬棒子骨，大火燒沸，打去浮沫，加拍破生薑，改用小火煨約 3 小時至雞肉軟嫩。

2. 將雞撈起，去雞骨取肉。把雞骨放回原湯鍋內繼續用小火熬約 1 小時成清湯。

3. 把雞肉切成絲狀放入另一小湯鍋內，加川鹽、紅花椒、薑末及 600 克清湯，以小火煨入味即成臊子。

4. 按 10 碗的比例，將醬油、熟雞油、胡椒粉放碗內，再將米粉放入沸水鍋內燙透，分別撈入碗內，舀入做法 3 的臊子，撒上蔥花即成。

**[ 大師訣竅 ]**

1. 熬製清湯只能用小火，保持湯面微騰，熬足時間自然鮮美。

2. 熟米粉本身就是熟的，且不是完全乾燥，因此只要燙軟就可食用，但缺點是不能久放，放冰箱冷藏也應二三天內吃完，也可改用粉皮米粉等其他米粉。

3. 煨製臊子時，要避免湯汁煨乾了，雞肉會變柴走味。

4. 製好的雞湯實際可供 20~30 人份。

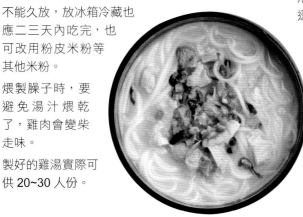

 **040**

# 黑米糕

風味・特點 | 色澤油黑，甜香糯軟

**原料：（10 人份）**

黑米 350 克，糯米 150 克，熟鹹鴨蛋黃 10 個，白糖 200 克，化豬油 100 克，紅櫻桃 20 個

**做法：**

1. 黑米、糯米分別淘洗淨，混合均勻，倒入墊有紗布巾的蒸籠旺火蒸約 40 分鐘，成滋糯黑米飯後取出放入盆中。

2. 接著加入白糖 50 克，用擀麵棍攪拌均勻，成為黏性的黑米飯坯。

3. 熟鹹鴨蛋黃壓細，加入白糖 150 克、化豬油揉成餡心，搓成小圓球狀。

4. 將黑米飯坯捏成飯團，按扁包入餡心，做成圓形糕狀放入紙盞內，上蒸籠再蒸約 2 分鐘至熱透，按上紅櫻桃即成。

**[ 大師訣竅 ]**

1. 黑米、糯米可先以清水泡 2 個小時再蒸製，口感會較軟糯。

2. 掌握好米飯吃水量，不能蒸得太硬或過稀軟，會影響口感與造型。

3. 蒸米的時間應按製作量作增減。

4. 米飯蒸熟拌製時，用力攪拌，使其產生一定黏性，才便於包捏成形。

 041

# 窩子油糕

風味 · 特點│ 皮酥餡糯，香甜爽口

**原料：**（10 人份）

糯米 500 克，紅豆沙餡 250 克，熟菜籽油 2000 克（實耗約 50 克），碱油 20 克（見 060），90℃熱水 250 克

**做法：**

1. 將糯米淘洗淨，用清水浸泡 2~3 小時，瀝乾水分，倒入墊有紗布的蒸籠內，用旺火蒸約 8 分鐘至熟。

2. 將蒸熟的糯米飯倒入盆內，加 90℃熱水略拌後燜製約 15 分鐘，至水份被完全吸收。

3. 取碱油抹在盆中的糯米飯上，用手揉擂糯米團至爛，再揪成 10 個糯米劑子。

4. 紅豆沙餡搓成 10 個小圓球成餡心，取糯米劑子包入豆沙餡，收好口，用手把餅坯做成邊緣厚、中間稍薄的窩形狀，下入七成熱的油鍋中，以中火逐個炸至色澤金黃時撈出即成。

**[ 大師訣竅 ]**

1. 蒸米時中途要灑一二次水才能均匀蒸至熟透。

2. 必須加開水燜製，待水分吸收完後，才能揉製，效果更軟糯些。

3. 油糕下鍋炸製時，凹面向下，炸製過程中較好控制造型。

 042

# 方塊油糕

風味 · 特點│ 色澤金黃，皮酥內糯，鹹香微麻

**原料：**（5 人份）

糯米 500 克，川鹽 8 克，紅花椒 5 克，碱油 10 克（見 060），90℃熱水 200 克，熟菜籽油 2500 克（實耗約 100 克）

**做法：**

1. 糯米淘洗淨後，加入清水泡 2~3 小時後，瀝乾水分，放入墊有紗布的蒸籠內蒸約 8 分鐘至熟。

2. 將蒸熟的糯米飯倒入盆內，加 90℃熱水、川鹽、花椒拌匀，加蓋燜約 15 分鐘。

3. 取長寬高分別約 20×14×7 公分的木匣，在內面刷上碱油，把拌匀悶好的糯米飯倒入，按壓緊實、均匀。

4. 待糯米冷後取出木匣，切成約 7 公分見方，厚約 1.3 公分的塊，即成油糕坯。

5. 將油糕坯入八成熱的油鍋中炸至皮酥脆、色金黃時撈出瀝乾油份，即成。

**[ 大師訣竅 ]**

1. 蒸米飯時中途應灑兩次水讓米能均匀蒸透，中途不能斷火。用旺火蒸製。

2. 掌握好鹹味程度，多了發膩，少了沒味。

3. 炸製時油溫不宜低於七成熱，以免糯米糕坯吃油，顏色發暗，不酥脆。

街子古鎮上讓人回味再三的百年老店方塊油糕、燙麵油糕、饊子、豌豆粑、麻花等小吃。

## 🌸 043
# 核桃仁煎糕

風味・特點｜色澤金黃，質地酥軟甜糯

**原料：（20 人份）**

乾糯米粉 500 克（見 053），乾秈米粉 200 克（見 053），清水 800 克，核桃仁 250 克，花生仁 150 克，白糖 250 克，沙拉油 175 克

**做法：**

1. 將核桃仁、花生仁洗淨，核桃仁切成豌豆大的顆粒，裝盆內。
2. 把糯米粉、秈米粉、白糖加入盆中拌和均勻，加入清水揉成軟硬適度的粉團。
3. 將粉團裝入刷上油的蒸盒內壓平整，然後入蒸籠旺火蒸約 40 分鐘至熟取出，晾冷。
4. 將涼透的果仁米糕切成適當大小的糕片坯。
5. 平底鍋置中小火上，放油燒熱，分別放入糕片坯，煎至兩面金黃、皮酥，即可起鍋食用。

**[ 大師訣竅 ]**

1. 和粉團時，水不要一次全加入，先加 2/3，再於揉製過程中一點一點加水至軟硬適度。
2. 核桃仁一定要去皮、洗乾淨。
3. 乾秈米粉用量不能過多，也可選用麵粉代替乾秈米粉。
4. 煎製時火候應掌握好。

## 🌸 044
# 糯米涼糕

風味・特點｜透明涼爽，糯軟香甜可口

**原料：（5 人份）**

糯米 350 克，冰糖 100 克（白糖亦可），清水 100 克，蜜冬瓜條 25 克，橘餅 25 克，白葡萄乾 25 克，糖漬紅櫻桃 25 克

**做法：**

1. 糯米淘洗淨，泡約 50 分鐘，上籠蒸約 30 分鐘成糯米飯。
2. 將冰糖加清水煮開後，轉小火熬製成黏稠的糖漿，挑起時呈粗絲狀，放涼備用。
3. 將蜜冬瓜條、糖漬紅櫻桃、橘餅、葡萄乾切細粒，拌入糯米飯中，倒進刷了油的木框內，壓緊壓平，晾涼後切成 0.4 公分厚的片狀涼糕，擺盤。
4. 舀做法 2 的糖漿淋在涼糕上即成。

**[ 大師訣竅 ]**

1. 糯米一定要蒸熟，蒸製時中途應灑熱水 2~3 次，確保均勻熟透。
2. 壓糕要壓緊實，切片時才不會不成形。
3. 熬糖的火候須掌握好，火力不能過大，以免糖漿焦爛後發苦，且有焦臭味。

## 🌸 045

# 米涼糕

風味 · 特點 | 清涼解暑，細嫩爽口

**原料：（20 人份）**

大米 500 克，紅糖 250 克，濃度 20% 清透石灰水 200 克（見 060），清水 2750 克，花生碎 25 克

**做法：**

1. 將大米淘洗淨，用清水浸泡漲。將泡漲大米瀝乾後加清水 2000 克磨成米漿。

2. 將清澈石灰水同大米漿混合、攪勻。

3. 鍋內放清水 500 克燒至 80℃ 左右，火力控制在中小火，倒入米漿，邊倒邊攪動至熟透後，裝入盛器內晾冷後成涼米糕。

4. 將紅糖切細，放入鍋內加清水 250 克以中火熬至溶化後，轉中小火繼續熬至黏稠狀即成紅糖汁，晾冷備用。

5. 食用時將涼米糕用刀劃成小塊，盛入碗內，淋上紅糖汁，撒上花生碎即成。

**[ 大師訣竅 ]**

1. 大米需泡漲至透心，磨出的米漿細滑，成品口感才能細嫩爽口。

2. 磨漿是越細越好，摻水要合適，多了成形不好，少了口感發硬。

3. 煮米漿要不斷地攪動，避免巴鍋、燒焦。

4. 石灰選用白的純石灰，不要使用使用深色或雜色石灰，除了雜質太多讓口感味道都不好之外，還有可能吃到有毒重金屬或化學物質。

## 🌸 046

**原料：（20 人份）**

大米 500 克，清水 2600 克，紅糖 100 克，濃度 12.5% 清透石灰水 300 克（見 060）

**做法：**

1. 大米淘洗淨，用清水浸泡 12 小時。泡漲後瀝乾水分，另加清水 2500 克磨成米漿。

2. 將清透石灰水加入到米漿內攪拌均勻。

3. 將紅糖切細，放入鍋內加清水 100 克以中火熬至溶化後，轉中小火繼續熬至黏稠狀即成紅糖汁，晾冷備用。

4. 鍋置中火上，加清水燒沸，把漏瓢架在鍋上，將米漿倒入漏瓢中，使其慢慢地流入沸水中，熟時浮出水面，形狀如同小蝦。

5. 將熟透的米蝦撈出放入涼開水中漂冷，食用時舀適量入小碗中，加入紅糖汁即成，也可再加入冰塊食用，更加消暑。

**[ 大師訣竅 ]**

1. 米漿要磨細，米漿過乾成品形狀短圓，太稀成品形狀偏長且易斷，一般米漿成二流狀即可。

2. 石灰水要待沉澱完後，才能取其上面的清石灰水來用。

3. 熬紅糖汁須熬至較濃的黏稠度，紅糖汁才香。

4. 製米蝦時，水量要多，且必須在燒沸後調整火力保持微沸的狀態，方可漏入米漿。

# 冰鎮涼蝦

風味・特點｜細嫩滑爽，清涼可口

## ✿ 047

# 成都米涼粉

風味 · 特點│ 色紅亮，鹹鮮香辣，味美可口

**原料：（30 人份）**

大米 1000 克，清水 3000 克，濃度 2% 清透石灰水 130
克（見 060），紅油辣椒 200 克（見 146），白醬油 200 克，
紅醬油 200 克，醋 100 克，花椒粉 20 克，豆豉醬 200 克
（見 147），芽菜粒 30 克，蒜泥 20 克，蔥花 50 克，芹
菜粒 50 克

**做法：**

1. 大米淘洗淨，泡 24 小時，瀝乾水後另加清水磨成米漿。

2. 鍋置旺火上，倒入米漿燒沸，轉小火邊燒邊攪。

3. 當米漿半熟，即挑起時呈稀稠狀時，邊攪邊加入石灰
   水，加完後繼續攪至挑起米漿時呈薄片狀流下時，立
   即改用微火保溫。

4. 此時繼續攪動 20~30 分鐘再起鍋，盛入盆內，晾冷成
   米涼粉。

5. 將涼粉盆翻扣在案板上，如涼吃，即按定量切成片或
   條、塊盛入碗內，加適量白醬油、紅醬油、醋、蒜泥、
   紅油辣椒、花椒粉、芹菜粒、蔥花即可。

6. 如熱吃，則將涼粉切成約 1.5 公分見方的塊，在沸水
   鍋中煮燙，盛入碗內加入白醬油、紅油辣椒、豆豉醬、
   芽菜粒、芹菜粒、蒜泥即成。

**[ 大師訣竅 ]**

1. 米漿一定要磨細，涼粉口感才細膩爽口。

2. 攪粉時控制好火力，要不斷攪動，不能停頓，否則極
   易煳鍋。千萬不能煳鍋，一煳鍋整鍋都有焦味，加上
   散布的焦煳硬塊影響口感、外觀與滋味。

3. 豆豉醬是熱吃米涼粉的必備複製調味料，滋味、特色
   全靠它，自己製作才能凸顯差異性。

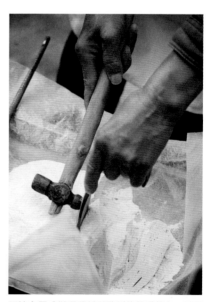

不論市區或鄉壩頭都可聽到的熟悉聲音，叮叮
──噹，就是穿街走巷的叮叮糖販子。

**原料：（5 人份）**

大米（秈米）750 克，大米飯 150 克，清水 2000 克，老酵漿 75 克，蜂蜜 250 克，草莓果醬 125 克，蜜冬瓜條 50 克，蜜玫瑰 5 克，糖漬紅櫻桃 50 克，酥核桃仁 50 克，豬板油 50 克，小蘇打 15 克

**做法：**

1. 大米淘洗淨，用清水泡約 9 小時，撈起瀝乾水分，加米飯和勻，加清水磨成米漿。

2. 在米漿內加入老酵漿攪勻後，靜置約 2 小時使其充分發酵。

3. 待發酵後放入小蘇打、蜂蜜攪勻即成米發漿。

4. 將草莓果醬與蜜玫瑰調勻成玫瑰草莓醬。蜜冬瓜條、核桃仁、糖漬紅櫻桃、豬板油均切成豌豆大的粒。

5. 蒸籠置火上，籠裡放方形木框架，鋪上細紗布，水沸後將一半米發漿倒入框內，用旺火蒸約 20 分鐘，揭開蒸籠蓋，均勻抹上一層玫瑰草莓醬，再輕輕倒入剩餘米發漿。

6. 接著均勻地撒上板油粒、瓜片粒、桃仁粒和櫻桃粒。再用旺火蒸 20 分鐘至熟取出，晾涼後切成菱形塊即成。

**[ 大師訣竅 ]**

1. 米一定要泡漲透才能磨漿，要磨細膩才有細緻口感。

2. 加入酵母漿一定要等發酵後，才能蒸製；發酵時間應配合環境溫度靈活掌握，夏季短一些，冬季長一些。

3. 若米發漿酸味過濃，可適當加大小蘇打的用量，以中和其酸度。一般來說，小蘇打加少了成品味道帶酸，多了成品發黃。

4. 蒸製必須用旺火，中途不可斷火，否則夾生或黏牙。

# 果醬白蜂糕

風味 · 特點｜色白鬆軟，果味濃郁，香甜可口

🌸 049

# 老成都梆梆糕

風味 · 特點｜色白疏鬆，軟和滋糯，香甜適口

以小攤攤形式遵循古法製作的梆梆糕已經快絕跡了，甜香鬆糯的滋味值得等待！老成都梆梆糕又名「蒸蒸糕」。

**原料：（15 人份）**

大米 500 克，糯米 50 克，豆沙 50 克，白糖 50 克，紅糖 150 克，化豬油 30 克

**做法：**

1. 將大米、糯米用清水淘洗淨，加清水泡約 60 分鐘左右，然後瀝乾水分，用石碓窩舂成細粉，也可用機器磨製。

2. 取淨鍋，倒入磨好的粉，用小火將粉炒至半熟狀，過篩放涼即成糕粉。

3. 把豆沙、紅糖、化豬油下入鍋內，用小火炒成豆沙餡。

4. 將白糖和 650 克做法 2 糕粉拌勻成糖米粉。

5. 用特製銅罐置旺火上，加清水燒沸，在銅罐頂部每個氣眼上墊一個用白布疊成、中間挖空的圓墊，然後再將木製模具及上蓋放置在銅罐氣眼上。

6. 待冒出蒸汽後，取下模具，舀入糕粉（約占模具的一半），再加餡心。上面再用糕粉填滿模具，最後在面上撒一層糖粉，蓋上蓋子，放在銅罐上蒸約 3 分鐘至熟，取下蓋子，放在木板上，使用蓋子上部的凸出部位頂出糕體，盛入盤內即成。

**[ 大師訣竅 ]**

1. 泡米的時間不能太長，磨粉及炒製過程會變糊。

2. 炒粉不可炒得過熟或太生。一定要成半熟狀，成品口感才滋潤有層次。

3. 炒豆沙餡的火力過大容易焦煳而不香，應以小火耐心炒製。

4. 蒸糕的時間不能太長，掌握好蒸製時間，成品才能形整而入口鬆軟帶糯。

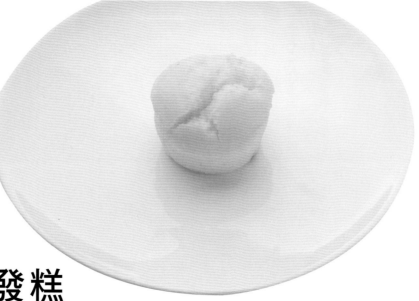

## 🌸 050
# 白糖發糕

風味 · 特點｜
色澤白淨，質地細嫩，鬆泡滋潤，香甜可口

**原料：（20 人份）**
大米 1350 克，老酵米發漿 150 克（見 056），清水 1200
克，白糖 500 克，化豬油 50 克，小蘇打 3 克

**做法：**

1. 大米淘洗淨，取 350 克下入沸水中煮約 5 分鐘後撈起
   瀝水成夾生米飯，備用。另 1000 克用清水浸泡漲。
2. 將泡漲的大米瀝水，再加入夾生米飯和勻，加清水
   1200 克磨成米漿。
3. 在磨好的米漿中加入老酵米漿攪勻成發漿，靜置約 2
   小時，發酵充足後加白糖、化豬油調和均勻。
4. 小蘇打分 3~4 次加入攪勻，每加一次就確認一下酸味，
   當酸味不明顯就不要再加，此時的酸鹼度剛好，待用。
5. 蒸籠內擺上特製的竹圓圈或其他材質的圓圈模子（直
   徑約 6.5 公分），鋪上細濕紗布在每個竹圓圈內，將
   米漿舀入竹圈內，不要超過七分滿，用沸水旺火蒸約
   8 分鐘至熟，趁熱從竹圈內倒出白糕即成。

**[ 大師訣竅 ]**

1. 大米要浸泡 12 小時以上為宜，中途最少換水一次。
2. 掌握好發漿的濃稠度，適當的稠度應是挑起持續呈滑
   稠狀，過稀成品炡軟不成形，太乾成品質地偏硬，口
   感發乾。
3. 掌握好小蘇打的使用量，酸鹼度剛好的狀態應沒什麼
   酸味，多了成品會發黃。
4. 蒸熟後的白糕若等涼了才要取出竹圈，紗布會黏在白
   糕上，破壞白糕外型。

## 🌸 051
# 雙色發糕

風味 · 特點｜
雙色分明，鬆泡綿韌，香甜可口

**原料：（20 人份）**
秈米 1000 克，秈米飯 250 克，老酵
漿 100 克（見 056），清水 1000 克，
白糖 750 克，小蘇打 8 克，食用紅
色素少許

**做法：**

1. 米淘洗淨，用清水浸泡漲後，瀝
   乾水分與大米飯和勻，加清水磨
   成米漿。

2. 於米漿中加入老酵漿攪勻，靜置約 2 小時至發酵足夠後，加小蘇打、白糖和勻即成發漿。

3. 蒸籠內放入大方木框，鋪上濕紗布，將發漿倒入 4/5，加蓋先蒸約 25 分鐘。

4. 餘下的發漿加食用紅色素調勻，攪成粉紅色發漿，倒入木框中已蒸定型的米糕上面，加蓋繼續蒸約 8 分鐘至熟透。出籠晾涼切成方形塊或菱形塊即成。

[ 大師訣竅 ]

1. 米要浸泡 12 小時以上，冬天要 24 小時以上，中途最少換水二到三次。

2. 磨漿時加的清水不可過多，建議的水量應分次加入，恰好的米漿濃度挑起持應呈稠狀。

3. 發酵充分的發漿應呈糊狀，濃稠度會影響成品的外觀是否鬆泡及口感的好壞。

4. 小蘇打用量應掌握準確，過少成品發酸、鬆泡度不足，過多則是會有苦澀味，也可能膨脹過度。

5. 蒸製時全程用旺火，中途不能斷氣、斷火才不會黏牙。

🌸 052

# 五仁青蘋果

風味 · 特點｜造型美觀逼真，餡酥皮軟糯，香甜爽口

**原料：（10 人份）**

大米吊漿粉 500 克（見 052），菠菜汁 75 克（見 146），五仁甜餡 400 克（見 058），化豬油 15 克，白糖 20 克，糖漬紅櫻桃蒂頭 20 只，香油 2 克

**做法：**

1. 大米吊漿粉加入菠菜汁揉成淡綠色粉團，入蒸籠以旺火蒸 8 分鐘至熟。

2. 將蒸熟粉團取出，加入化豬油 15 克、白糖 20 克揉和成滋潤的粉團，分成 20 個劑子。

3. 五仁甜餡分成 20 個小劑並搓成圓球形。

4. 取綠色粉團劑子分別包入餡心，搓捏成蘋果形狀，插上糖漬紅櫻桃蒂頭，入籠以旺火蒸約 2 分鐘至熟即取出，刷上香油即成。

[ 大師訣竅 ]

1. 吊漿粉要吊乾一點，當加入菠菜汁後仍偏硬，可以加水調整，過軟就不好調整。

2. 需用旺火將粉團蒸製熟透，並趁熱加入適量的化豬油、白糖揉勻，成品質感應是光亮、滋潤不沾手。

3. 包捏的收口應向下，捏緊，確保美觀及避免漏餡。

**※ 053**

# 熊貓粑

風味 · 特點 │ 成型美觀逼真，營養豐富，具四川特色

## 原料：（15 人份）

乾糯米粉 200 克，澄粉 50 克，牛奶
100 克，清水 200 克，橢圓巧克力
片 100 克，馬鈴薯泥 400 克，熟鹹
鴨蛋黃 100 克，川鹽 2 克，白糖 2
克

### 做法：

1. 先將糯米粉、澄粉放盆內加入牛
   奶、清水調成濃漿狀，倒入方盤
   後上蒸籠旺火蒸約 5 分鐘至熟，
   晾冷。

2. 將蒸熟晾冷的牛奶粉皮搓條，扯
   成 15 個劑子，擀製成圓皮待用。

3. 把熟鹹鴨蛋黃壓成茸，與馬鈴薯
   泥、川鹽、白糖攪和均勻成馬鈴
   薯泥餡料，待用。

4. 把製好的皮，包上馬鈴薯泥餡
   料，加入鮮果粒，收口成圓形，
   再插上橢圓巧克力片當耳朵，以
   馬鈴薯泥沾黏橢圓巧克力片做成
   眼睛、嘴，即成。

### [ 大師訣竅 ]

1. 牛奶粉皮必須蒸熟不能有夾生，
   搓條時要搓至緊實才便於擀製。

2. 擀皮厚薄要均勻，包捏成型要渾
   圓光滑，不可有凸凹狀，才能體
   現熊貓的討喜形象。

3. 巧克力要安插在相應的位置，眼
   睛須呈八字型。

---

## 054

# 玫瑰紅柿

風味 · 特點｜色澤金紅，軟糯香甜，造型逼真

## 原料：（5 人份）

大米吊漿粉 250 克（見 052），熟鴨蛋黃 5 個約 150 克、
胡蘿蔔 250 克，可可粉 2 克，核桃仁 50 克，蜜冬瓜條 50
克，蜜玫瑰 50 克，化豬油 50 克，白糖 50 克，熟麵粉 25
克（見 059），香油 2 克

### 做法：

1. 將胡蘿蔔洗淨，用榨汁機取汁後，將胡蘿蔔汁 150 克
   與大米吊漿粉和勻，入籠旺火蒸約 8 分鐘成為熟粉團。

2. 核桃仁去皮炸酥，剁成小顆粒，蜜冬瓜條切粒後同蜜
   玫瑰、白糖、化豬油、熟麵粉一併揉和成甜餡，分成
   小圓球餡心 20 個。

3. 出熟粉團，取 35 克粉團加入可可粉成咖啡色粉團。其
   餘粉團加入熟鴨蛋黃揉成金紅色粉團。

4. 將金紅色粉團分成均勻的小劑子 20 個，按扁再包入餡
   心，捏成柿子形狀，用咖啡色粉團做成柿蒂，插在柿
   子中間部位，上籠中火蒸約 2 分鐘至熱透，刷上香油
   即成。

### [ 大師訣竅 ]

1. 大米吊漿粉要吊乾一點，蘿蔔汁要榨濃一些為宜，若
   不夠滋潤再加水調整。

2. 蒸成熟粉團後要趁熱加入熟鴨蛋黃，一定要揉和均勻，
   達到滋潤不黏手的狀態。

3. 包餡後，收口一定要捏緊，並將封口朝下放置，確保
   美觀及避免漏餡。

4. 蒸柿子坯時火候不宜太大，否則容易走樣，時間也不
   可過久，皮會太軟。

## 🌸 055

# 八寶壽桃

風味 · 特點 |
形態逼真，美觀大方，皮軟糯，餡香甜微鹹

**原料：（10 人份）**

大米吊漿粉 400 克（見 052），清水 35 克，八寶甜餡 300 克（見 059），菠菜汁 35 克（見 146），紅麴汁 50 克，香油 2 克

**做法：**

1. 取大米吊漿粉約 225 克加清水揉勻即成白色粉團，取約 75 克白色粉團加入菠菜汁揉勻上色，成綠色粉團；再取約 100 克白色粉糰加入紅麴汁揉勻上色，成紅色粉團。

2. 把白色、綠色、紅色粉團一起分別入蒸籠旺火蒸約 8 分鐘至熟取出，再分別取出揉擂成三種顏色的滋潤粉團，將白色粉團分成 20 個劑子。

3. 八寶甜餡分成 20 個小劑，搓成小圓球狀，備用。

4. 取一白色粉團按扁，放入一小塊紅色粉團在中央，再放上餡心，將壓扁的綠色粉劑蓋在餡心上，再收口整形、捏成桃子形狀。用木梳壓上紋路。

5. 其他粉劑子，分別按此法製作成仙桃和桃葉並組合後放入蒸籠，上籠旺火蒸約 2 分鐘至熟，刷油裝盤即成。

**[ 大師訣竅 ]**

1. 揉粉子的色澤一定要掌握好尺度，用色要自然。

2. 紅色粉團壓入白色粉團中揉製，較好做出自然協調的色調，紅色粉子也需揉製在在桃尖部位才自然。若採紅粉團包白粉糰的做法，兩色無法相融合，感覺太生硬。

3. 收口一定要捏緊收牢，封口朝下，確保美觀及避免漏餡。

# 海參玉芙蓉

風味 · 特點 |
外形美觀別致，皮軟餡鮮香、微辣

**原料：（5 人份）**

大米吊漿粉 400 克（見 052），清水 20 克，水發海參 200 克，豬五花肉 100 克，細蔥花 25 克，冬筍 30 克，化豬油 75 克，郫縣豆瓣 20 克，紹興酒 2 克，醬油 10 克，川鹽 2 克，太白粉水 15 克，鮮湯 450 克（見 149），食用紅色素及食用黃色素少許

**做法：**

1. 水發海參切成小顆粒，用摻入熱鮮湯 200 克，小火煨 5 分鐘；豬五花肉剁碎；郫縣豆瓣剁細；冬筍切成小顆粒。

2. 鍋內下化豬油，再下肉末用中小火焆炒散籽，放入郫縣豆瓣炒出紅色，摻入鮮湯 250 克，下海參、冬筍、紹興酒、醬油、川鹽，轉小火燒約 1 分鐘至入味。

3. 入味後，下細蔥花，勾太白粉水收濃芡汁成海參餡。放涼備用。

4. 大米吊漿粉分次加入清水揉和成團，入鍋內煮熟後撈出，揉擂成黏性適度、軟硬一致的熟粉團。

5. 將粉團分成 21 個小劑，取一小劑粉團，1/3 揉入食用紅色素粉紅色，2/3 揉入食用黃色素成黃色粉團，備用。

6. 將粉團劑子按扁，包入餡心，封口捏牢向下按成圓餅形，在圓餅周邊用手捏 5~6 個花瓣形，用木梳壓上花紋，中間嵌上紅、黃兩色粉團做的花蕊。全部做好後，入籠大火蒸約 2 分鐘即成。

**[ 大師訣竅 ]**

1. 海參務必用水漲發透。

2. 郫縣豆瓣炒香後，摻湯燒製時，火候不可過大。

3. 餡汁必須收濃稠，進冰箱冷藏 2~3 小時後更便於操作，絕對不能熱時包製，會破裂。

4. 包捏時必須將口封嚴，避免漏餡汁。

5. 不方便自製大米吊漿粉時，可用市售的乾秈米粉或 米粉加水揉成的粉團替代。

6. 大米吊漿粉經典比例：8 份秈米加 2 份圓糯米。

## 🌸 057

# 梅花大米餅

風味・特點｜ 造型美觀，軟糯香甜，別具一格

**原料：（10 人份）**

大米吊漿粉 400 克（見 052），清水 30 克，熟鹹鴨蛋黃 150 克，白糖 150 克，紅櫻桃 10 顆，化豬油 50 克

**做法：**

1. 將大米吊漿粉加清水揉勻，上蒸籠以旺火蒸製約 8 分鐘至熟。

2. 取出蒸熟的粉團，在抹了油的案板上揉擂成光滑的粉團，搓條後分成大小均勻的劑子 20 個。

3. 熟鹹鴨蛋黃壓成茸，加入白糖、化豬油揉勻成蛋黃餡，分成大小適當的小劑 20 個。

4. 將粉團劑子按扁，分別包入蛋黃餡心，用專用梅花鉗夾出花瓣成梅花餅生坯，一一放入蒸籠，以旺火蒸約 2 分鐘，蒸熱即可取出。

5. 在每個蒸熱的梅花餅中間嵌上半邊紅櫻桃即成。

**[ 大師訣竅 ]**

1. 蒸大米吊漿粉要用旺火蒸熟，不可夾生，發現夾生再回蒸，容易沾牙。

2. 揉粉團必須趁熱揉製，才好揉製。油不能抹得太多，不好包製也發膩。

3. 梅花形花瓣大小要均稱、一致，是美觀的基本。

## 🌸 058

# 水晶玉鳥

風味・特點｜ 造型生動，色白如玉，香甜可口

**原料：（ 10 人份）**

大米吊漿粉 250 克（見 052），清水 10 克，蜜冬瓜糖 50 克，熟白芝麻粉 35 克，化豬油 25 克，紅麴汁少許，黑芝麻 20 粒，香油 2 克

**做法：**

1. 蜜冬瓜糖切成小粒，同熟白芝麻粉、化豬油揉勻成餡料，分別搓成 10 個大小均勻的圓球。

2. 大米吊漿粉分次加清水揉勻，入籠蒸約 8 分鐘至熟後揉成滋潤的粉團，取 30 克粉團揉入紅麴汁成紅色粉團，備用。

3. 將滋潤粉團分成十個劑子包入餡料，捏整成小鳥型狀，用黑芝麻按成眼睛，取適量紅色粉團點綴成小鳥嘴尖，即成水晶玉鳥生坯。

4. 將生坯入蒸籠，刷上香油，大火蒸約 2 分鐘即可出籠裝盤。

**059**

# 碧波天鵝

風味・特點│ 生動活潑，造型美觀，甜糯可口

## 原料：（10 人份）

大米吊漿粉 400 克（見 052），清水 30 克，蓮茸餡 200 克（見 058），紅心鴨蛋黃 1 個，瓊脂（洋菜）25 克，黃瓜汁 400 克，黑芝麻 20 粒

## 做法：

1.  大米吊漿粉中分次加入清水揉和至滋潤光滑，入籠以旺火蒸約 10 分鐘至熟。取出後稱熱揉擂成滋潤熟粉團。
2.  取約 30 克揉好的熟粉團，揉進紅心鴨蛋黃，成金黃色熟粉團。
3.  將蓮茸餡分成 10 個小劑，分別搓成圓球，備用。
4.  將熟粉團分成 10 個小劑子，分別包入蓮茸餡心，再揉捏塑成小白鵝；取一小塊金黃色粉團，捏塑成鵝嘴、腳部，再用黑芝麻按成眼睛，即成。照此方法逐個製作而成。
5.  瓊脂洗淨，加黃瓜汁熬製成綠色汁液，灌入盤內待其涼冷凝結成凍後，分別將白鵝擺放在綠色菜汁凍上即成。

## [ 大師訣竅 ]

1.  白鵝的捏製要注意掌握各種姿態，鵝頸要有不同方向的變化。
2.  清波玉鵝若要熱食，上籠以中火蒸 1~2 分鐘，熱透即可，不能久蒸。

## [ 大師訣竅 ]

1.  粉團要趁熱揉勻，可酌情加點豬油，質感更加細緻滋潤。
2.  不可久蒸，以免外皮過於煈軟而變形。
3.  如選用鹹味餡料，必須涼透後再用手捏成小圓球，接著放入冰箱冷藏至充分凝結，才便於進行包製。
4.  此小吃吊漿粉經典比例：8 份秈米、2 份圓糯米。

## 🌸 060

# 大米雛雞

風味 · 特點│ 形態生動，甜香軟糯

**原料：（10 人份）**

大米吊漿粉 350 克（見 052），清水 20 克，熟鴨蛋黃 100 克，橘餅 150 克，冰糖 50 克，白糖 100 克，熟麵粉 50 克（見 059），化豬油 150 克，黑芝麻 20 粒，香油 2 克

**做法：**

1. 將橘餅切成細粒，冰糖壓碎成細末，加入白糖、熟麵粉、化豬油拌勻成冰橘餡心。分成 10 小塊，分別搓成小圓球形餡心。

2. 將大米吊漿粉團加清水揉勻，入籠以旺火蒸製約 8 分鐘至熟，趁熱揉擂成熟粉團。

3. 熟粉團中加入熟鴨蛋黃，揉勻成淡黃色粉團，分成 10 個小劑，分別包入餡心，捏製成小雞形狀，用黑芝麻按成眼睛，上籠蒸約 2 分鐘至熱透，取出後刷上香油即成。

**[ 大師訣竅 ]**

1. 冰糖要研成細粒，不能過大，確保口感有層次但不頂牙。

2. 拌餡要拌和均勻，必須要將餡搓成圓形才便於包捏收口。

3. 粉團中加入蛋黃後，一定要揉擂均勻，風味、顏色才能確保均勻。

## 🌸 061

# 蝴蝶米餃

風味 · 特點│

形如蝴蝶，做工精細，皮軟糯，餡香甜

**原料：（10 人份）**

大米吊漿粉 500 克（見 052），蜜紅棗 250 克，化豬油 50 克，蜜冬瓜條 25 克，熟花生仁 50 克，白糖 50 克，雞皮絲、胡蘿蔔絲、黃瓜皮絲、黑芝麻適量

**做法：**

1. 將蜜紅棗去核後剁成細茸，蜜冬瓜條切成細顆粒，熟花生仁去外皮後壓碎，加入白糖、化豬油揉製成餡心，並分成 20 小團。

2. 大米吊漿粉剁成小塊狀，入籠蒸約 8 分鐘至熟，取出揉成滋潤米粉團，戳成粗條後扯成 20 個小劑子，分別擀成圓皮。

3. 取圓皮，放上餡心，將圓皮對疊成半圓形，用麵點梳擠壓成蝴蝶形坯，再用雞皮絲、胡蘿蔔絲、黃瓜皮絲做成花紋和觸鬚，黑芝麻嵌作眼睛，一一入籠碼齊，大火蒸約 2 分鐘即成。

**[ 大師訣竅 ]**

1. 蜜紅棗須剁成茸泥狀，餡料口感較多變。

2. 化豬油雖可讓餡料更滑口滋潤，但不可加得過多，多了就發膩。

3. 米粉團蒸熟後，一定要揉均勻，揉至不黏手和案板。

4. 皮、餡都是熟的，因此蒸製時間不宜過長，以免造成外皮過於軟炤而影響形狀。

5. 此小吃吊漿粉經典比例：7 份秈米、3 份圓糯米。

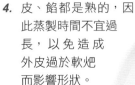

## 🌸 062
# 龍眼玉杯

風味・特點｜造型美觀別致，色彩分明，軟糯涼爽

**原料：（10 人份）**

大米吊漿粉 400 克（見 052），瓊脂 15 克（洋菜），明膠粉（吉利丁粉）5 克，清水 400 克，白糖 100 克，糖漬紅櫻桃 20 顆，小酒杯 20 只

**做法：**

1. 將櫻桃逐一放入小酒杯中。瓊脂、魚膠粉放入鍋中加清水 300 克浸泡至軟透後入籠蒸化，加白糖 60 克調勻，平均倒入裝有糖漬紅櫻桃的酒杯內，凍成龍眼果凍。

2. 鍋內下清水 100 克燒開，化入白糖 40 克成糖水，晾冷備用。

3. 大米吊漿粉剝成小塊入籠蒸製約 8 分鐘至成熟，趁熱揉擂成滋潤、軟硬適度的熟粉團。

4. 將熟粉團分成重 20 克的小劑子 20 個，用手捏製成高腳杯形，鎖好花邊即成玉杯。

5. 將龍眼果凍輕輕扣入玉杯內，灌入做法 2 的糖水即成。

**[ 大師訣竅 ]**

1. 掌握好瓊脂、明膠粉和水的比例，這直接影響果凍的老嫩程度，太老口感差，過嫩易碎。

2. 製作龍眼果凍的酒杯大小應考量捏製的粉糰玉杯大小，互相配合。

3. 該小吃屬涼食小吃，切勿再蒸製，否則果凍會化掉。

4. 此小吃吊漿粉團的經典比例：2 份長糯米、8 份 米。

## 🌸 063
# 魚香白兔餃

風味・特點｜
造型美觀生動，質地軟糯，餡鮮香濃郁

**原料：（10 人份）**

大米吊漿粉 400 克（見 052），清水 20 克，去皮豬肥瘦肉 250 克，冬筍 50 克，薑末 15 克，蒜米 25 克，蔥末 20 克，白糖 35 克，醬油 15 克，醋 30 克，川鹽 2 克，泡辣椒末 35 克，太白粉水 20 克，鮮湯 25 克（見 149），料酒 10 克，化豬油 100 克，紅麴汁 2 克，熟黑芝麻粒 40 粒

**做法：**

1. 將去皮豬肥瘦肉、冬筍切成綠豆大的粒。

2. 將豬肉粒碼上料酒、醬油、川鹽；取一小碗把太白粉水、鮮湯、白糖、醋、醬油兌成滋汁。

3. 化豬油入鍋用中火燒熱，下碼好味的豬肉粒炒散籽，放泡辣椒末、冬筍粒炒上色，加入薑蒜末炒香，烹入滋汁，撒上蔥末拌勻晾冷即成餡心。

4. 大米吊漿粉加清水揉勻，上籠蒸約 8 分鐘至熟取出，趁熱揉擂成團，取 10 克粉團加紅麴汁揉成粉紅色粉團，其他粉團分成大小均勻的劑子 20 個，擀成圓皮，舀入餡心包捏成兔子形狀，將粉紅粉團分成 40 小粒，搓圓壓扁，中間壓上一黑芝麻，點綴成兔眼，上籠以大火蒸 2 分鐘至熱透，即可取出裝盤。

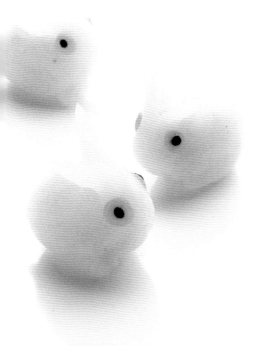

## 🌸 064

# 翡翠蝦仁玉杯

風味 · 特點│ 造型美觀，綠白相襯，餡鮮嫩爽口，別具一格

**原料：（10 人份）**

大米吊漿粉 400 克（見 052），鮮河蝦仁 150 克，鮮豌豆 200 克，蛋清太白粉糊 35 克（見 060），化豬油 100 克，川鹽 2 克，料酒 5 克，胡椒粉 2 克，鮮湯 150 克（見 149），太白粉水 50 克（見 059）

**做法：**

1. 河蝦仁洗淨，用刀從其背部劃一刀，去掉蝦線，用料酒、胡椒粉、蛋清太白粉糊碼勻，入四成熱的化豬油鍋中以中小火滑炒熟後撈出。

2. 鍋內留餘油，下入鮮豌豆米，加入鮮湯、川鹽，倒入做法 1 河蝦仁燒熱後勾入太白粉水成濃芡狀，待用。

3. 大米吊漿粉入籠蒸約 8 分鐘至熟，揉擂成團，分成 20 個劑子，將劑子分別捏成高腳杯形狀，上下邊緣用手鎖上花邊，然後在裝入餡心，入籠蒸約 2 分鐘至熱透即成。

**[ 大師訣竅 ]**

1. 必須選用剝去皮的鮮豌豆，鮮蠶豆米也可以。

2. 炒餡時，注意滑炒蝦仁的油溫不能過高。

3. 捏製時，要掌握杯的形狀應大小一致，造型要穩。

4. 不能蒸製過久，避免玉杯過軟而垮塌，也避免餡料的蝦仁過老、豌豆仁顏色不鮮綠。

5. 此小吃吊漿粉經典比例：2 份長糯米，8 份秈米。

**[ 大師訣竅 ]**

1. 餡料不可切得太大而影響包製與口感。兌滋汁時味不能過鹹，確保爽口。

2. 炒肉餡的火候應掌握好，不能用猛火炒製。成品芡汁應略濃而少。

3. 此餡必須要晾冷透後才能包製，可進冰箱冷藏使其凝結，更好包製。

4. 包捏時應注意不能將油汁沾在餃皮邊上，封口才能緊實。

天府麵製品小吃

第四篇

川味麵點小吃製作技術（俗稱白案技術）主要包括
和麵、揉麵、搓條、下劑、製皮和包餡六道操作過
程（也稱工藝流程），通過和麵和揉麵工序，就可
製作出各種類型、均勻柔軟、光滑、滋潤適度的麵
團，再經過搓條、下劑、製皮、包餡的工序，加上
製熟的工藝，就可完成一道道美味的麵點、小吃。

## 66 第一章

# 認識麵粉
# 與常用原材料

麵粉可說是多數地區製作小吃最主要的原料，四川也不例外，麵粉製品小吃在川味小吃所有種類中佔有絕對多數。因為麵粉的質地會因麥子品種加工方式而有差異，這差異對各種小吃的成品效果有較大的影響。因此，選擇和瞭解麵粉的質地，可說是學做小吃的重要基礎，進而根據所製作小吃的不同要求，選擇適當的麵粉種類，才能保證小吃的風味品質。

### 一、關於麵粉

麵粉在大陸地區傳統上分特製粉和標準粉、普通粉三種，而因應西式點心的普及化，麵粉的分類也開始使多元，但主要的分類指標還是「筋性」，其次才是加工精緻度的差異，因此特製粉相當於高筋麵粉，標準粉相當於中筋麵粉，普通粉相當於低筋麵粉，彼此之間是可以直接替代使用。

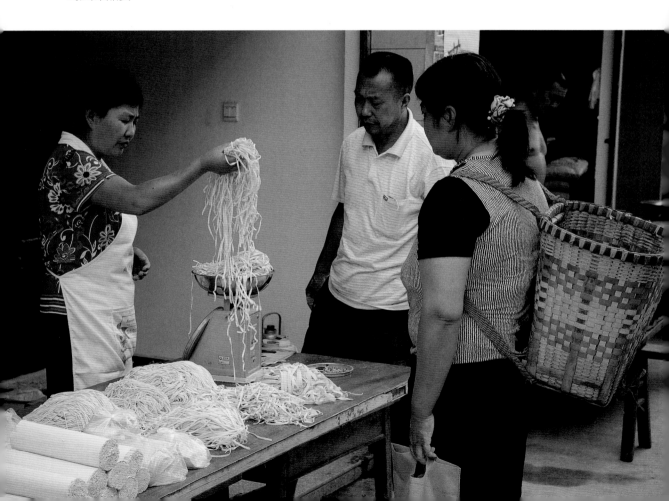

由左至右，高筋麵粉，中筋麵粉，低筋麵粉，澄粉

同類麵粉中，由於受小麥品種不同以及生長地區的氣候條件、光照長短、土壤性質、栽培方法等不同，直接影響到麵粉的麵筋含量。總的來說，北方小麥含蛋白質多（麥膠蛋白和麥麩蛋白），筋力強；而南方小麥含澱粉質多，筋力較弱。四川小麥就屬後一種類。

**特製粉：** 特製粉顏色白皙，質感細滑，麵筋含量較高，麥麩含量少，粉體本身吸水量較大、筋力強。一般用於製作色澤要求高、發酵力強、口感勁道或較精細的小吃。俗稱富強粉，簡稱特粉，相當於「高筋麵粉」，又稱麵包粉。因筋性強，多用來做麵包，麵條等。

**標準粉：** 標準粉顏色白中帶微黃，顆粒細而不滑，麵筋質含量低於特製粉，麥麩含量較多，筋力中等，多用於普通大眾麵點小吃。相當於「中筋麵粉」。通常用來做饅頭、包子、麵條、點心等。

**普通粉：** 色澤灰白，手感不細滑，筋力低，粗纖維、植酸和灰分含量較多。相當於「低筋麵粉」。通常用來做口感酥鬆的點心，西式點心如蛋糕、餅乾、餅乾等也是用這種粉，因此又被稱作蛋糕粉。

**澄粉：** 又稱無筋麵粉、澄麵，麵粉的一種。澄粉主要用於廣式點心，近年逐漸為四川小吃所廣用。澄粉是將麵粉加清水成粉漿經加工去除麵筋後，讓澱粉漿沉澱，濾去水分，再將沉澱的粉質烘乾、研細，篩去雜質便成了澄粉。用澄粉製作的麵團（必須用沸水燙製而成）白淨純滑，透明度較高，可塑性較強，特別適合製作各種象形點心以及筵席高級點心。

## 二、常用原材料

**油：** 在四川小吃中常用的油有菜籽油、化豬油與精煉油，一般來說有明確的分工，化豬油用於成品起酥、增香，餡心的增香、滋潤，成品用低油溫化豬油炸製可獲得極為潔淨的色澤。菜籽油用於多數成品的炸製，特點是成品會染上菜籽油的顏色而呈金黃，並增添濃郁的菜籽油香。而精煉油，在四川是泛指經過去色除味的植物油脂，最具常見的就是沙拉油，多用於炸製成熟，特點是不帶其他雜味，對於要本味的小吃品種有其必要性。

**糖：** 在四川麵點中，常用的有白糖、紅糖與冰糖。白糖甜香味足，應用範圍廣，從製麵團到餡心、沾裹都能用。紅糖甜度相對低一些，但本身的甜香風味濃郁而鮮明， 雖屬調味原料，但更接近風味食材，多能獨立使用，自成一格。冰糖是經過再結晶的糖，甜香味特色是屬於醇厚風格，用來製作餡心或調味可得到相對不膩的甜香味，此外因為結晶顆粒一般較粗，加工成適當粗細就能為餡心帶來額外的甜脆口感。

醪糟：醪糟本身味道很甜，含有一定濃度的酒精，及大量的活性酵母菌，因此在麵點中，多利用醪糟所含的活性酵母菌製作老酵麵，加上本身具有濃郁風味，能使發麵團的風味更加豐富。但一般只使用醪糟汁，裡面的酒米不用。

酵母粉：酵母粉普遍呈棕黃色粉狀，酵母粉一般都可以直接混合在麵粉加水揉團後進行發酵。若用水攪勻後，靜放數分鐘，待水面有往外冒的汽泡時，再加入麵粉揉團，可促進麵團的發酵，增加鬆軟度。

因此一般情況下酵母粉加入麵粉前，建議用酵母的 4~5 倍水量，水溫 41~43℃，來溶解酵母粉，放置 5~10 分鐘後，酵母菌就能恢復原來狀態的活力，確保發酵效果穩定。而酵母粉製成的發麵，在正常的發酵狀態下是不需要扎城。

川點中也用酵母粉來搭配醪糟製作發麵用的老酵麵，所需的製作時間相對較短，也較穩定。

泡打粉：泡打粉的成份是由小蘇打、酸性物質及所謂的乾性介質組合而成，其中乾性介質的使用目的是讓泡打粉維持乾燥。因本身同時含有酸、鹼成分，條件適當時就能自行產生化學反應、產生氣體而使麵團膨脹。在川點中，若是使用酵母粉發麵，一般要加些泡打粉來作為輔助的膨鬆劑。

撲粉：「撲粉」並非特指那一種麵粉，而是指在麵點的製作過程中，為了避免麵團在揉搓擀製、堆疊時沾黏而撲撒在麵劑上的粉。一般來說撲粉用的麵粉與製作麵團

的用的麵粉是一樣的，只在一些特定品種麵點的製作中，因工藝上的需求而使用如太白粉、馬鈴薯粉、玉米澱粉等不同性質的澱粉，川點中稱這類澱粉為「細澱粉」。

建議將撲粉裝在適當大小的棉布袋中，使用上更方便、更均勻。

**小蘇打：**小蘇打 (baking soda) 也稱為食用鹼，多為粉狀，在川點中多用於中和老酵麵發製麵團中的多餘酸性，此工藝稱之為「扎城」。城的用量要適當，過少則麵死萎縮且發酸，過多會開花且顏色發黃。

呈弱鹼性的小蘇打，扎城時用量的些微誤差較不容易對成品產生大的影響，經過加熱後又能釋放氣體，有利於發酵麵團成品的效果，因此在使用發麵的麵點中使用得較多。

小蘇打還有一個作用就對多數食材有「酥鬆」組織的效果，因此在製作豆類的製品時，常會加少許以加速鬆軟，但會破壞食材中的部分營養素，不可多用。

**食用鹼粉：**食用鹼粉多用於製作麵條，可收斂麵筋組織，讓成品具有良好的彈性、韌性和爽滑感，下水煮時不易渾湯。

另一方面，食用鹼粉還會使麵條呈淡淡的粉黃色，可算是增加賣相，但鹼粉會破壞麵粉中的部分營養素，要避免使用過量。食用鹼粉也可以用於發麵扎城，但因屬強鹼性，微小的用量差異就可能造成扎城失敗，因此一般製作量不是很大時，較少使用。

## 66 第二章

# 麵點基本工藝與操作

川味麵點小吃製作技術（俗稱白案技術）主要包括和麵、揉麵、搓條、下劑、製皮和包餡六道操作過程（也稱工藝流程），通過和麵和揉麵工序，就可製作出各種類型、均勻柔軟、光滑、滋潤適度的麵團，再經過搓條、下劑、製皮、包餡的工序，就可完成製品成形的工藝流程。每一道工序的操作方法，必須要均勻，其手法（俗稱「手風」）要乾淨、利索，不拖泥帶水。

### 一、和麵

和麵是麵點小吃製作的第一個環節，也是非常重要的一道工序。和麵的好壞，會直接影響產品的品質。和麵是將麵粉與水（不同溫度）或蛋、油、糖等和在一起成適宜的麵團。

**抄拌法：**把麵粉倒入盆內（或者案板上），中間刨一個凹洞（窩），將水（或蛋、油、菜汁等）倒入窩內用雙手從外向內，由下向上慢慢抄拌，抄拌時用力要均勻，手盡量不黏水，以麵粉來推水，使麵粉與水結合後，用雙手抄拌，直至揉成麵團狀。

**調和法：**這種手法與抄拌法相似，把麵粉置於案板上，將麵粉中間

刨一個窩，摻入水後（或油、蛋）用雙手五指伸開，從外向內慢慢進行調和，待麵粉黏連成片狀後，再摻水直至合適後揉成麵團。這種方法主要是在案板上和麵，多用於子麵、三生麵、油水麵和油酥麵的調製。

**攪和法：**將麵粉倒入盆內（或鍋內），左手摻水，右手持小麵杖攪和，邊摻水邊攪和，攪勻成團。此方法適合川味小吃中燙麵、三生麵和蛋液麵團調製。

## 二、揉麵

揉麵是麵點小吃製作的第二道工序，是將和好的麵團，進一步通過揉麵，使麵團中澱粉膨脹糊化，蛋白質接觸水分，產生彈性，形成麵筋的一個主要環節。揉麵很講究其手法，身體不靠住案板，兩腳要自然分開，雙手用力揉麵時，案板不能搖動，粉團不能落

地，雙手推開、卷攏，五指並用，用力均勻，手腕著力。揉至麵團「三光」（麵團光亮、手光、案板光）即可。

揉麵也有四種手法：根據不同麵性製品要求，採用搗、揣、摔、擦等四種常用手法。通過這些手法才能使麵團增勁、柔潤、光滑或酥軟。

**搗：**俗話說「要使麵團好，拳頭搗千次」，搗是雙手握緊拳頭，用力由上向下搗壓麵團，反復多次搗壓，主要用於手工麵的製作手法，如擀製「青菠麵、手工抄手皮、金絲麵」等。

**揣：**用雙手握緊拳頭、交叉在麵團上揣壓。邊揣，邊壓，邊推，把麵團向外揣開，再卷攏再揣，揣用勁比揉大，較大的麵團，都需要用揣的手法，如手工揉製傳統發麵。

**摔：**有兩種手法，一種是將稀軟麵團用手拿起，脫手摔在盆內，反復摔製，一直摔至麵團均勻筋力強，如製作春捲麵團。另一種是用兩手拿著麵團的兩端，舉起來手不離麵團，摔在案板上，摔勻為止。

**擦：**製作油酥類麵團及一些米粉麵團常用的揉麵手法，由於此類麵團不加清水，而加油，麵團疏鬆，形不成筋，因此用擦的方法最佳，用雙手掌將麵團一層一層地向前邊擦邊推，反復多次後，使油脂和麵粉緊密結合，增強黏合性後，便於酥點小吃製作。

### 三、搓條

　　將揉好的麵團搓成長條形，這種手法叫搓條。搓條講究雙手用力均勻，手掌在麵團條上來回推搓，邊推邊搓，使麵條團向兩邊伸長，成為粗細均勻光滑的圓條形。大部分麵點小吃製作中都必須有這道工序。各種麵團條的粗細程度，要根據具體品種要求而定，如做大包子，麵團條需粗些，做小包子麵團條搓細一些，無論麵團條粗與細，均要求光潔、均勻一致。

### 四、下劑

　　「下劑」是行業中的專業術語，也可稱為下劑子、分劑子，就是指將麵團搓成條後，分成適當份量的麵團。下劑有：揪劑、切劑、剁劑等常用手法。

**揪劑：** 揪劑又稱扯劑，搓成條形後，左手握住麵條，劑條從右手虎口中露出來，坯子需要多長，就揪出多長的麵劑子，用右手大拇指和食指捏住，順著劑條向下一揪（扯）即成一個麵劑子立放於案板上。揪麵劑時，右手要順勢用力，握麵劑的右手不能把劑子握緊，以免黏住手掌。此屬於白案專業技巧，可用「剁劑」法替代，只是劑子小於一手可掌握的成大小時，「揪劑」法效率最高，但須一定時間的技術經驗累積。一般烹飪愛好可用「剁劑」法替代。

**切劑：** 有些麵團要求很柔軟，無法搓條、揪劑，如油條類麵團，就可採取將麵團攤在案板上，拉伸成扁條形，再用刀切成均勻適宜的劑子。

**剁劑：** 麵團搓成條後，用麵刀按成品規格大小，一刀一刀地剁成劑子，俗稱「砍劑子」，適合如饅頭、麵塊類小吃的製作。

### 五、製皮

　　製皮是麵點小吃中基本操作技術之一。鑒於小吃製皮品類繁多，有大小厚薄之分，因此操作手法各不相同，一般常用的製皮方法有以下3種：

**按皮：** 將下好後的麵劑子，用手掌直接按成四周薄，中間微厚的圓皮狀，這種手法的製皮適合於製作各種包子。常用於各式發麵。

位於南充市的閬中古城。

捏皮：主要用於米粉麵團類的製皮手法，如湯圓、珍珠丸子、麻圓、葉兒粑等小吃，手法是先將米粉團揉勻搓圓，再用右手拇指將圓劑按成凹形，加入餡心封口，捏成圓形。

擀皮：是行業中運用最普遍的一種製皮方法，專業技術性較強，其擀法也有各式各樣。操作的擀麵棍的形狀也不相同，有青果形，有長條橢圓形，有單擀麵棍，有雙擀麵棍。擀皮的手法又有以下幾種：

單擀麵棍擀法：將麵劑用手掌按扁後，左手指捏住麵皮邊緣，右手持麵棍從劑子的 1/3 處，向劑子的中心部位擀製，邊擀左手捏皮要邊轉動，擀轉一圈後即可成為中間稍厚，邊緣微薄的麵皮坯子，用於蒸餃、湯包、小籠包子等。

雙麵棍擀法：用雙手同時使用兩根小擀杷擀皮。手法是把麵劑子按扁、兩根小擀並排放在麵劑邊上，同時用雙手向前後推擀，也要從左邊到右邊來回擀動，兩手用力要均勻，操作時兩根小擀杷一定要平行靠近，不可分開，掌握擀杷的著力點，速度要快，擀出的麵皮厚薄均勻成圓形，這種擀法主要用於水餃皮等。

青果杖擀法：青果杖是一種兩頭略尖、中間粗，呈青果形的小擀麵棍，操作時，用雙手擀皮，麵棍的著力點應放在邊上，邊擀邊轉

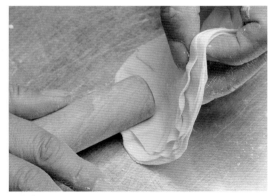

擀燒賣皮。

動麵皮，向一個方向轉動，擀製成波浪紋的荷葉邊形的圓皮，主要用於小擀的燒賣皮坯。

另外還有一種擀燒賣皮的擀法，用通心槌擀製。以上的擀皮方法在麵點小吃的操作手法中都屬於「小擀」皮方法，還有一種擀皮的方法，叫「大擀」皮，選用大一點，長一點的擀麵杖，擀製大宗的麵條及抄手皮、水餃皮，另有一種大擀皮選用軸心滾筒擀製，這種軸心滾筒擀製皮料，多用於「大開酥」手法，製品為酥點的小吃品種類。

## 六、包餡

包餡又稱上餡料。由於小吃的品種較多，餡心料也各不相同，有肉餡、素餡、糖餡、豆沙餡、葷素餡等。餡心品種不同，包餡的方法也不同。包餡方法多用於包子、點心、餃子、各種餅、米團類。所採用包餡手法可分以下幾種：

大擀皮工藝。

包餡成品，由左至右無縫包餡法及三種捏邊包餡法。

**無縫包餡法：**主要用於製作糖包子、豆沙包子、富油包子之類。手法是將餡心放在皮坯中間，用手包好封牢口子，不能有縫而造成漏餡，這種手法的收口應放在下面，表面光滑。

**捏邊包餡法：**這種手法是把餡心放於麵皮稍偏一些，然後對折麵皮，蓋上餡心合攏捏緊。有的品種需要有手捏上花邊紋，如花邊餃，不捏花邊的主要是水餃類品種。

**提摺包餡法：**主要用於一些餡心比較多，成品較大的小吃品種，為顯示成品餡料飽滿，既採用此提摺手法，如包製各種肉包子，用提摺層次較多，成型大方美觀精緻。

**輕捏包餡法：**此法多用於皮較薄，餡心較多的小吃，如燒賣類。手

法是將餡心放入麵皮內，用手在餡心上端部位輕輕捏攏成刷把狀，不封口。

**卷包餡法：**是把麵皮放上餡料（各種不同形狀的餡，如茸泥、細粒

等），再卷成圓筒形，經熟製後，有的需切成短節，如豆沙卷、棗泥卷，有時不切，如炸蛋卷、香蕉土司卷等。

**夾餡法：**常用於製作一些糕類小吃品種。手法

是將一層餡心料，用一層麵皮蓋住成夾心狀，也有用餡料夾二三層的如年糕、夾心白糕等。

**滾餡法：**主要是製作一種滾餡湯圓的特殊手法，把餡心切成小塊，

沾濕，放入米粉搖動簸箕裏上乾粉而成。這種手法在四川小吃製作中極少使用。

## 66 第三章

# 六大基礎麵團特性

不同的麵團有不同的麵性，麵性的掌握在小吃製作中，是一項十分重要的工作，直接影響麵點小吃成品的品質。因此，初學者必須要儘快地掌握各種麵性知識，才能更好地製作出合格的麵點小吃。

川味麵點小吃常用麵性有以下幾種：子麵、發麵、三生麵、燙麵、油水麵、油酥麵，共六大麵性。

### 一、子麵

子麵又稱冷水麵、呆麵、死麵，四川行業中稱為子麵，屬水調麵團類的一種麵性，是用冷水直接與麵粉調拌均勻，揉搓成的，大多使用中筋麵粉，此麵團質地堅實，組織結構死板緊密，所製成的小吃，有勁、有韌性、爽口、俐落。

子麵根據其含水量的多少分為：硬子麵、軟子麵、炑子麵三種。

**硬子麵**：和麵時水的重量為麵粉的35%，可依實際需求作微調。硬子麵主要用於手工麵條類，及抄手皮、燒賣皮等的製作。

**軟子麵**：也簡稱「子麵」，水的重量為麵粉重量的50%，實際操作時應依小吃品種需要的成品效果作微調。主要用於手工四川水餃、甜水麵等的製作。

**炑子麵**：又稱之為「稀子麵」，水的重量為麵粉重量的70%。用於春捲皮等品種的製作。

子麵在製作上不復雜，調製上經過下粉、摻水、拌和、揉搓四個過程，子麵團品質好

日常最熟悉的子麵食製品就屬麵條。

壞的重要關鍵是水要一次性加夠，要充分而均勻的反復揉搓，揉搓越到位，麵團越光滑。因此判斷子麵是否完成，就是看是否已達到「三光」的狀態，即手光，手上光淨無沾黏

的麵團渣;麵光,麵團表面光滑;板光,即揉麵案板也光淨且無沾黏的麵團渣。

揉好後須用濕紗布蓋上餳 20~30 分鐘,讓麵性穩定,不易回縮或破裂,利於後續加工。此外,子麵還能加入雞蛋和菜汁和成。分別稱全蛋子麵、蛋水子麵和菜汁子麵。

## 二、發麵

發麵即發酵麵團,是用麵粉和水,加入適量的老發麵(包括酵母粉等),調和成的麵團。這類麵性是麵點小吃製作普遍使用的一種。

發麵根據其發酵程度又分為老發麵、子發麵、中發麵三種。

**老發麵**:又稱老酵麵或老麵,也有稱麵肥、酵種,也是指發酵發過頭的發麵。一般又指用來作引子的酵種麵,就是在調製發麵時需加的老發麵。在傳統發麵製作時,每一次留下一些發麵作為下一次混合揉製發麵團時加入的酵種。

老發麵也可單獨製作一些小吃品種,如傳統麵點小吃「白結子」、「開花饅頭」、「笑果子」等,就是需將發麵發酵至較老時才能製作這類品種。老發麵酸味濃,用手抓一把沒什麼筋力。

**子發麵**:子發麵也稱嫩發麵、嫩酵麵,指沒有發足的發麵。它的組織結構緊密、沒什麼蜂窩眼(用刀切開麵團鑑別),韌性較強,筋力較好。在小吃製作中,主要適合製作皮薄餡汁多的品種,如「小籠包子」、「湯包」之類,也適宜製作川味小吃鍋盔之類品種。子發麵的製作發酵時間較短。子發麵類還有一種做法,叫嗆發麵,就是直接在適量的發麵中,嗆入(即均勻鋪灑的意思)一定比例的乾麵粉後揉勻,一般嗆入的乾麵粉重量為發麵的 40%,即 500 克發麵團嗆入 200 克的乾麵粉,揉製好,餳好就能使用,幾乎不需要發酵時間。可做嗆麵類小吃,如子麵饅頭、高樁饅頭等。

**中發麵**:中發麵也稱登發麵,就是麵粉加清水再加入老發麵(或乾濕酵母之類的發酵劑)揉製成麵團後,讓麵團發足的膨鬆麵團。它的特點是性質鬆軟,形狀飽滿。所製作的品種,營養豐富,易於消化。適合製作各種包子、花卷、饅頭,中發麵是發麵中使用最多的一種膨鬆麵團。

中發麵按比例揉勻至麵團表面光滑後,用濕紗布蓋上發酵約 2 小時,如春季須室內溫度不低於 26℃,冬天發麵(俗稱接麵)的調製需用不超過 50℃的熱水,才能使麵團達到發酵膨鬆的程度。

發酵時間若想短,就需要加入超出常規比例的老發麵,以縮短發酵時間,除非急用,

一般用這種加大老發麵的做法來縮短發酵時間，對成品品質都有一定的影響。

　　發酵時間的長短對發麵的品質影響很大。如時間過長，發酵過頭，麵團品質差，酸味太重，製作成品時，會影響操作，而蒸製出來的成品形狀不好。發酵時間若短了，發酵不足製作出的成品也不鬆泡，均達不到色、香、味、形的要求。因此必須學會掌握好正確的發酵時間，以及溫度的掌握，老發麵、扎碱的用量，才算真正的掌握了發麵的性能。

　　另外，還有一種叫「燙發麵」，這種麵性用途較少，一般都很少列入發麵類型。這種麵團是採用燙麵加入發麵調和而成，主要用於製作一些烤製的小吃，如：四川鍋盔的一些品類就會選用燙子發麵團來製作。成品口感鬆軟或酥軟。

**關於扎碱：**傳統老發麵發酵的麵團（即發麵），在操作時，都需要「扎碱」的工序。由於用老發麵發酵時，會引入不少雜菌（如醋酸菌等），在合適溫度下（一般 30℃ 左右），雜菌會大量繁殖和分解成一種氧化酶的物質，把酵母菌發酵生成的乙醇（酒精），分解為醋酸和水，使麵團發生了酸味而且會使麵團變軟塌。因此需要在麵團中加入小蘇打並揉

匀，使其中和掉其酸味，這一工序即稱之為「扎碱」。在中和過程中，會產生二氧化碳氣體，使麵團鬆泡（膨脹鬆軟），受熱後體積變大，算是扎碱的另一作用。如蒸包子、花卷之類。

　　扎碱的掌握是一項十分重要的專業技術，因發麵團是活的，雖著時間一直在變化，因此必須通過長期不斷的累積與總結經驗方可逐漸正確地掌握扎碱的量與手法。這也是麵點小吃製作中最複雜和最不容易掌握好的一門技術。

## 三、油水麵

　　用化豬油或菜籽油加清水與麵粉揉製而成的麵團稱為油水麵，麵粉的使用也以中筋麵粉為主，部分使用低筋麵粉。油水麵必須同另一種麵性——油酥麵配合使用來完成酥點類小吃的製作。油水麵有的地方又叫「水油酥」、「水油麵」。麵性滋潤鬆軟，和油酥麵包酥製成的品種具有酥鬆、脆香爽口的特點。四川酥點小吃中，如「鮮花餅」、「龍眼酥」、「眉毛酥」、「海參酥」等，都是選用油水麵搭配油酥麵兩種麵性製成的。

　　如用菜籽油製成油水麵，其油酥麵也同樣用菜籽油所製，主要用於川味小吃「牛肉焦餅」之類，在少數品種中使用，絕大多數油水麵都選用化豬油同清水、麵粉揉製的。

　　揉製油水麵除基本配方外，還應根據熟成方法、氣溫、季節變化來掌握油和水的用量比例。用於炸製的品種，油的用量要少些，而烤製的品種，油的用量就要多些。夏天氣溫高，用油量應少些，冬天氣溫低，用油量相對要多一點；麵粉若吸水量強的，摻水比

例相應多些，反之則要少些。而油水麵的軟硬，主要是根據酥麵的軟硬來確定，兩種麵性應要求軟硬一致，以製作出優質的成品。

## 四、油酥麵

又可稱酥麵或油麵、油酥等叫法。是用化豬油（也有個別產品需用菜籽油）同低筋麵粉製成。不能加一點水，因此有的地方又叫「乾油酥」。油酥麵團不能以常用的揉搓手法製作，需採「擦」酥的手法，即用手掌握擦油、粉成團，這樣的油酥麵團的麵性才疏鬆滋潤，完全無筋力，一般在製作中同其他麵團配合使用，可同油水麵、子麵、發麵、三生麵、燙麵配合使用製成各種類型的點心小吃。酥麵在其中主要起到酥香起層，便於造型的作用。

## 五、三生麵

川味麵點小吃製作中常常用一種叫「三生麵」的麵團來製作各種小吃，所謂「三生麵」又稱「半燙麵」，是指用沸水在案板上或盆內沖燙麵粉調製而成。由於整個麵團中有三成沒燙全熟，故名「三生麵」，三生麵麵性介於燙麵和子麵之間，適合製作四川鍋貼餃、蒸餃等眾多小吃。

## 六、燙麵

燙麵也可稱沸水麵團，是將麵粉加入沸水鍋中攪至成熟成團的麵團。另一種燙麵是將子麵團擀成麵皮入沸水鍋中煮至成熟的麵團。前一種燙麵團多用於製作川味小吃品種，如「韭菜盒子」、「合糖油糕」、「燙麵蒸餃」、「波絲油糕」等，後一種燙麵團主要用於製作四川名點心「鳳尾酥」。

燙麵麵性，由於麵粉經過高溫沸水燙製後，麵粉性質發生化學、物理的變化，產生較強的黏稠度，質地柔軟，可塑性增強，便於製作出各種造型的麵點小吃，如用澄粉燙製成澄粉燙麵團可捏製眾多象形小吃。

# 66 第四章

# 麵點小吃
# 基本工藝與常用配方

## 子麵

（冷水麵、呆麵、死麵）

**原料：**

硬子麵：麵粉 500 克，清水 180 克

軟子麵：麵粉 500 克，清水 250 克

炁子麵：麵粉 500 克，清水 350 克（又稱稀子麵）

**做法：**

1. 把麵粉倒於案板上，理出一個圈狀，將水加入麵粉圈中。

2. 將麵粉慢慢拌入水中，直到麵粉將全部的水吸收，接著開始揉搓。

3. 反復揉搓，揉搓到麵團軟硬均勻表面光滑。此時應呈手光、麵光、板光的「三光」狀態，即手及案板都光淨，沒有沾黏的麵團，麵團本身表面也光滑。

4. 揉好後用濕紗布蓋上餳 20~30 分鐘，讓麵性穩定好加工。即成。

## [ 大師秘訣 ]

1. 應按小吃品種的需求選用中筋或高筋麵粉。

2. 將部分或全部清水換成雞蛋或菜汁和成，就成了全蛋子麵、蛋水子麵和菜汁子麵。

3. 在此配方基礎上，可按需求加入適量食鹽，食鹽可收斂麵團中的麵筋，使麵筋的彈性和延伸性得到強化。其次加食鹽還可以抑制雜菌和黴菌的生長，延緩麵團在熱天變酸的速度。一般添加量為麵粉總重的 1~3％。

4. 若是須對成品口感做變化，還可加少許食用鹼粉，目的也是收斂麵筋組織，使成品具有良好的彈性、韌性和爽滑感，下水煮時不易渾湯。另一方面，食用鹼粉還會使麵條呈淡淡的黃色，可算是增加賣相，但鹼粉會破壞麵粉中的營養素。食用鹼粉的添加量一般是麵粉重量的 0.3~0.6％。

## 老發麵

（老酵麵、老麵、麵肥、酵種）

**原料：**中筋麵粉 100 克，清水 100 克（水溫介於 25~35℃），乾酵母粉 2 克，醪糟汁 50 克

**做法：**

1. 取 10 克清水將乾酵母粉調散，靜置約 5 ～ 10 分鐘，待其發泡。

2. 把麵粉倒在盆中，中間刨一個窩，將 90 克清水、醪糟汁及調散酵母水倒入窩中。

3. 由內往外將水狀材料與麵粉混和在一起,再搓揉至麵體質地均勻,表面光滑。

4. 將麵團連盆用保鮮膜蓋著,一起靜置於乾淨陰涼處約 2~3 天。也可置於冰箱冷藏室中,時間就需 3~5 天,好處是發酵環境相對穩定。

5. 發酵過程為先完全漲發後消漲且變成炘軟狀態,此時即成老發麵。

[ 大師秘訣 ]

1. 乾酵母粉用水調散後靜置待其發漲起泡的目的是讓酵母恢復活性,若沒起泡則可確認粉中的酵母菌都已死亡,無法進行後續的發酵程序。

2. 老發麵特點為酵母酸香及酒味濃郁,麵體炘軟,用手抓一把沒什麼筋力。若是濃濃的酸敗味道就是老麵發酵過程中被雜菌汙染了,不能使用。

3. 經常性的製作,可將當次製作發好的麵團留下適當的量,一般是成品麵團的 1/5。靜置於乾淨陰涼處 1-2 天,或是冰箱冷藏室中 3-5 天,使酵母菌再次充分發酵,即成老發麵。

具有活性的酵母粉用水化開後,靜置一會就可見到表面整個漲起

發酵好的中發麵會有明顯的氣孔,俗稱「蜂窩眼」。

## 中發麵 / 登發麵

原料:中筋麵粉 1000 克,清水 400 克,40℃溫水 100 克,老發麵 50 克

做法:

1. 把麵粉倒於案板上,中間刨一個窩,接著將老發麵用 40℃溫水調散,再加入麵粉窩中。

2. 逐步加水調勻,揉勻至麵團表面光滑且不黏手、不黏案版後,整成光滑圓團狀。

3. 用濕紗布蓋在圓團狀麵團上,靜置發酵約 2 小時,麵團變成原本的 1.5~2 倍大,應呈現性質鬆軟,形狀飽滿的狀態,即成。

[ 大師秘訣 ]

1. 發酵過程中須注意室溫,夏季以外的季節,室內溫度不能低於 25℃,酵母活力不足,會影響發酵效果與發酵時間。因此室溫低於 25℃時應設法升溫。若是經常性製作,建議使用恆溫發酵箱進行發酵,可使每一次的發酵效果相對穩定。

2. 冬天時,調製麵團的清水,需改用 40~50℃的溫水,以確保麵團溫度達到酵母最佳活性的溫度,才能準確獲得應有的發酵膨鬆程度。

3. 川式麵點多數不在發麵團中加食鹽,然食鹽具有抑制發酵的作用,可用來調整發酵時間。雖然沒加鹽的麵團發酵較快,發酵情形卻可能不穩定。特別是在天氣炎熱時,容易發生發酵過度的情形。在發酵過程中加的食鹽量一般不超過麵粉重量的 1%。加鹽還有「副作用」,就是強化麵筋並讓成品色澤更潔白。

## 酵母麵團

(酵麵)

原料:中筋麵粉 500 克,清水 250 克(水溫介於 25~35℃),白糖 50 克,乾酵母粉 5 克,泡打粉 3 克

做法:

1. 取 20 克清水將乾酵母粉調散,靜置約 5 ～ 10 分鐘,待其發泡。

2. 把麵粉倒在盆中，中間刨一個窩，將 230 克清水、白糖、泡打粉及調散酵母水倒入窩中。

3. 先將窩中的清水等原料攪勻，再由內往外將水狀材料與麵粉混和在一起，當全部麵粉都吸收到水份後揉合成團，再搓揉至麵體質地均勻，表面光滑且不黏手、不黏案版後，整成光滑圓團狀。

4. 用濕紗布蓋在圓團狀麵團上，靜置發酵約 2 小時，麵團變成原本的 1.5~2 倍大，應呈現性質鬆軟，形狀飽滿的狀態，即成。

[ 大師秘訣 ]

1. 乾酵母粉用水調散後靜置待其發泡的目的是讓酵母恢復活性，若沒起泡則可確認粉中的酵母菌都已死亡，無法進行後續的發酵程序。

2. 發酵過程中須注意室溫，夏季以外的季節，室內溫度不能低於 25℃，酵母活力不足，會影響發酵效果與發酵時間。

3. 冬天時，調製麵團的清水，需改用 40~50℃ 的溫水，以確保麵團溫度達到酵母最佳活性的溫度，才能準確獲得應有的發酵膨鬆程度。

## 子發麵

（嫩發麵、嫩酵麵）

原料：中筋麵粉 1000 克，清水 400 克，老發麵 100 克

做法：

1. 用清水 400 克將老發麵調開成漿。

2. 麵粉置案板上，中間刨一個窩，加入老發麵漿調勻揉成發麵團，靜置發酵約 1 小時。

3. 依發酵程度扎碱後揉勻，靜置餳 15 分鐘，即成。

[ 大師秘訣 ]

1. 這裡的發酵時間應根據小吃品種的需求差異而調整，發酵時間最短的約 15 分鐘，最長達 2 小時。

2. 輕度發酵的子發麵扎碱時多使用碱性較弱的小蘇打。用量一般是麵粉量的 6~8%。

3. 子發麵的組織結構緊密，用刀切開麵團可發現切口沒什麼蜂窩眼，韌性較強，筋力較好。

## 扎碱方法與技巧

原料：小蘇打粉，用量一般為麵粉重量的 0.5%（冬天）~1%（夏天），或麵團重量的 0.3%（冬天）~0.6%（夏天）

**方法一**

1. 將發好的發麵團揣開成厚片狀。

2. 取小蘇打粉，先取比預計使用的量少一些，均勻撒在麵團表面，接著以邊包邊揉的方式將發麵揉擂成團。

3. 持續以揣開、包揉的方式，揉擂至麵團彈性變好、表面光滑、有些頂手時，就表示扎碱恰當，行業術語叫「正城」。

4. 若麵團揉擂感覺與沒扎碱之前差不多，則重複做法 2、3。注意！要避免小蘇打粉使用過量。

**方法二**

1. 從要加入麵粉的清水中取約 50 克的清水將小蘇打粉化開成小蘇打水，備用。

2. 發麵團發好後，加入小蘇打水揉勻即成。

**方法三**

*1.* 發麵團發好後，將小蘇打粉和要揉進發麵團的原料一起均勻揉進麵團，餳發好即成。

**[ 大師秘訣 ]**

*1.* 使用酵母粉發製的麵團一般不會有過多的酸性物質，因此不需要扎鹼。

*2.* 食用鹼粉也可以用於扎鹼，但因屬強鹼性，微小的用量差異就可能扎鹼失敗，因此一般較少使用。而小蘇打粉為弱鹼性，用量的些微誤差較不容易對成品產生大的影響，經過加熱後又能釋放氣體，有利於發酵麵團，因此使用得較多。

*3.* 發現鹼粉放得稍多時，可採將麵團靜置一段時間來補救，相當於再延長發酵時間，讓發酵的酵素和乳酸反過來中和掉多餘的食用鹼粉。若是時間不足，可把靜置環境的溫度提高到28℃左右，加速發酵。

*4.* 冬季時，發酵較為緩和，扎鹼時建議使用量應減為一半，避免扎鹼過量。

*5.* 扎鹼的掌握是川式麵點一項十分重要的專業技術，正確地扎鹼要根據發麵團大小、老嫩、氣溫高低、發酵時間長短、老發麵使用量多少及製品的要求靈活掌握，扎鹼扎得剛好，業內術語叫「正鹼」。

　麵團的發酵狀態，受季節的環境溫度影響很大。夏天發酵快又充分，冬天則常是慢而不易發透。因此扎鹼後麵團狀態還是持續在變化，以業內說法就是「熱天跑鹼快,冷天走鹼慢」。以下乃歸納多年經驗，用於判斷是否為正鹼的基本方式。

*A.* **蒸麵丸：**取一塊 5~10 克發麵入蒸籠蒸熟，若是色白、鬆泡有彈性就是正鹼；若是色暗、起皺是缺鹼；顏色發黃就是鹼太重了。四川行業俗稱「蒸彈子」。

*B.* **聞麵團：**有酸味，鹼少了。有鹼味，鹼多了。單純麵香就是正鹼。

*C.* **看切口：**用麵刀切開麵團，切口內的氣孔如綠豆大小且均勻，正鹼。氣孔大而不均勻，鹼少了。氣孔小而長，鹼多了。

*D.* **拍麵團：**用手拍打發麵團，若是呼呼脆響就是正鹼。若是啪啪的聲音，鹼多了。產生噗噗的悶聲，鹼少了。

*E.* **烤麵團：**取一小塊扎好鹼的麵團，放於爐邊烤熟，剝開來看看內層，色澤潔白有麵香為正鹼。色澤發黃帶鹼味，鹼下多了。顏色若是灰暗還帶酸味，肯定是鹼不足。

*F.* **嘗麵團：**有酸味，鹼少了。有鹼味，鹼多了。單純麵香就是正鹼。

最容易見到扎鹼工藝的小吃就屬「鍋盔」。

## 油水麵

原料：中筋麵粉 500 克，清水 200 克，化豬油 75 克（此油量適用於炸製的小吃，若是烤製的應增為 100 克）

做法：

1. 將麵粉倒入案板或盆中，中間刨一個窩，加入清水和化豬油。
2. 用手先在窩中將水和油、部分麵粉攪和在一起。
3. 達到水、油、麵粉混和均勻後，再由內往外拌入全部的麵粉，接著反覆揉搓至表面光滑，蓋上濕布餳 15 分鐘，即成。

[ 大師秘訣 ]

1. 油水麵團的製作必須油水一起加入麵粉中攪和，不論先加油揉成團再加水，或先加水揉成團再加油，都不容易柔製均勻。

## 油酥麵

原料：中筋麵粉 300 克，化豬油 150 克

做法：

1. 麵粉加入化豬油，以麵刀邊拌邊切的方式讓油與麵粉充分混和。
2. 以麵刀和手將不成團的油酥麵收攏，再以「擦」酥的手法，即用手掌握擦油、粉至不黏手、不黏案板，酥鬆滋潤時，揉和成團，即成油酥麵團。

## 三生麵

原料：中筋麵粉 500 克，90~95℃熱水 250 克

做法：

1. 將麵粉置於盆中，沖入熱水，快速攪拌，讓大部分麵粉吸收到熱水。

2. 趁熱揉搓成團，再將麵團切成小塊晾冷，再次揉攝成質地均勻的麵團，即成。

[ 大師秘訣 ]

1. 一般燙三生麵所需熱水的溫度大約是水滾沸後離火 1~2 分鐘的溫度。
2. 沖入滾沸熱水後，若發現麵團會過硬，可在揉成團前加入少量溫開水調整。
3. 趁熱揉團後，若沒有馬上切成小塊狀晾涼，餘熱會使麵團變軟、變稀或黏手。

## 麵粉燙麵

原料：中筋麵粉 500 克，清水 400 克（基本配方，可按成品需求調整比例）

做法：

1. 將清水倒入盆中，中火煮至滾沸時將麵粉慢慢到入，期間用小擀麵棍快速攪拌，使全部麵粉燙熟。

2. 將盆中的熟麵倒在案板上，趁熱揉搓成團，再將麵團切成小塊晾冷。

3. 麵團晾冷後，再次揉擂成質地均勻的麵團，即成。

[ 大師秘訣 ]

1. 若攪拌過程中覺得乾硬，成團後可能有太硬的問題，可在還沒揉成團前加入少量常溫開水再揉擂，以調整軟硬度。

2. 當揉擂成團後很難再調整麵團柔軟度，因揉擂後的熟麵團吸水性變差，而使得加水調整效果不佳。

3. 趁熱揉團後，若沒有馬上切成小塊狀晾涼，餘熱會使麵團變軟、變稀或黏手。

## 澄粉燙麵

原料：澄粉 500 克，沸水 350 克（基本配方，可按成品需求調整比例）

做法：

1. 將澄粉置於盆中，沖入滾沸熱水，快速攪拌使所有澄粉皆接觸到熱水。

2. 趁熱揉擂成質地均勻的麵團，即成。

[ 大師秘訣 ]

1. 若要調整澄粉燙麵的質地與特性，可透過加少許生粉或太白粉來調整。

## 麵條

（碱水麵、鮮麵條、濕麵條）

原料：高筋麵粉 500 克，清水 180 克，食用碱粉 3 克，撲粉適量（高筋麵粉）

做法：

1. 取淨碗倒入清水調入食用碱粉調勻成碱水。

2. 在案板上或麵盆裡倒入麵粉，中間刨一個窩，將碱水倒入。

3. 由內而外以畫圓的方式將水與粉充分混和成麵渣狀後開始揉擂成團。

4. 揉擂麵團至呈三光狀態即可，麵團蓋上濕紗布巾餳 30 分鐘。

5. 取餳好的麵團用擀麵杖擀成寬長形、0.1~0.2 公分、厚薄均勻的麵片。

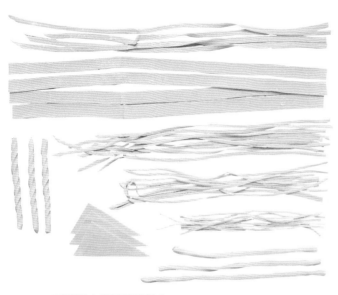

四川麵點中常見的麵條形式。

擀好的麵皮，透過不同的切法，即能獲得各種類型的麵條。透過機器壓擀切製的麵條俗稱「機製麵條」。

6. 把擀好的麵片撲上一層撲粉後折疊成 10~12 公分寬的長條狀。

7. 接著用切麵刀直切成麵條，寬窄依需求而定。最後往切好的麵條撲上撲粉，再揪著麵條的一端將麵條抖散、抖掉多餘的撲粉再碼好，即成。

[ 大師秘訣 ]

1. 將清水換成菠菜汁即為清菠麵，其他蔬菜麵以此類推。

2. 短時間內會煮製，可蓋上乾紗布巾，維持麵條濕度。

3. 製作好後無法一次食用完，可將麵條分成適當的份量後裝入乾淨塑膠袋中冷凍。煮製時無須解凍，從冷凍庫取出後直接下開水鍋煮。

4. 手工麵條最好是隨做隨吃，晾乾的麵條比濕麵條或冷凍麵條口感差。

5. 手工麵條因為是濕麵，煮時鍋裡的水量要寬些、多些，減低混湯情況。

6. 四川人常說的「機製麵條」就是指「鮮麵條」或「濕麵條」，即是在此手工麵條基礎上做配方與工藝流程的微調，以適合規模化加上機械半自動化生產需求做成的麵條。在市場或其周邊可見的切麵店麵條都屬於機製麵條，都是當天現做現賣。基本上與相同類型的手工麵條特性是一致的。

細如棉線的金絲麵，因麵條本身含水量極少，甚至是一點火就燃起來。

## 銀絲麵

原料：精白高筋麵粉 500 克，雞蛋清 300 克（約 10 個雞蛋的蛋清），撲粉適量（太白粉）

做法：

1. 雞蛋清入盆攪散，加入麵粉後揉和成團，持續揉至不黏手、不黏盆、麵團表面光滑。

2. 將揉好的麵團取出，在案板上反復揉擂壓，使蛋清充分與麵粉融合後整成光滑圓團狀，用濕紗布蓋住餳 10 分鐘左右成蛋清麵團。

3. 將餳好的蛋清麵團用擀麵杖先從中間向兩邊按壓，使之延伸，再反復擀壓幾次成麵皮後灑上

太白粉，將麵皮裹在擀麵杖上，推擀成極薄的麵皮。

4. 邊擀邊撒太白粉，擀至麵皮能透字時，將麵皮多層折疊為寬約 7~8 公分的條，用長形切麵刀切成極細的麵絲，即成銀絲麵。

## 金絲麵

原料：精白高筋麵粉 500 克，不帶殼全雞蛋 250 克（約 5 個雞蛋），撲粉適量（太白粉）

做法：

1. 將麵粉倒在案板上，中間裡出一凹洞。將全雞蛋充分攪散，倒入麵粉中間的凹洞中，由內而外的將麵粉與蛋液攪拌在一起成雪花片狀。

2. 接著揉和均勻成團，

再擂、搓、揉成光滑的全蛋麵團,用濕紗布蓋住餳 10 分鐘左右。

3. 然後雙手拳頭握緊,擂壓餳好的全蛋麵團,使麵團成長方形時,再撲上太白粉,用擀麵杖推、擀、壓,反復幾次後成麵皮。

4. 將麵皮撲上太白粉再卷在擀麵杖上壓擀成約 0.05 公分厚、可透字的極薄麵皮。之後展開麵皮,折疊成幾層,用專用大麵刀切成棉絲粗細的麵絲,即成金絲麵。

# 抄手皮

原料:高筋麵粉 500 克,雞蛋 1 個,清水 130 克

做法:

1. 麵粉中加入雞蛋、清水和勻,用手揉搓至表面光滑。

2. 再用拳頭反覆擂壓成質地均勻的硬子麵,用濕紗布蓋上靜置餳 15 分鐘。

3. 用擀麵杖推擀撲上乾麵粉的麵團,反復推壓幾遍後,擀成極薄的麵皮。

4. 擀好的麵皮撲上乾麵粉,折疊幾次成寬約 8 ～ 9 公分的長狀,用刀切成約 7.5 公分見方的麵皮,即為抄手皮,待用。

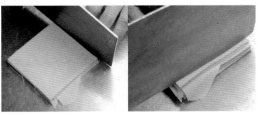

# 水餃皮

原料:中筋麵粉 500 克,清水 250 克,撲粉適量(中筋麵粉)

做法:

1. 麵粉中加入清水和勻,揉成軟子麵,靜置餳 10 分鐘。

2. 餳好的麵團搓成長條,分成約 100 個劑子。

3. 撲上少量的撲粉,一一用小擀麵杖擀成中間稍厚,直徑約 7 公分的小圓皮即成。

[ 大師秘訣 ]

1. 和麵要注意掌握吃水量,先加入大部分的水,揉製過程中依柔軟度決定要再加多少水。

2. 麵團不可過硬或太軟,過硬在包製時容易破,過軟容易走樣,口感也不佳。

切麵店的水餃皮多是用不鏽鋼圓模壓切出來的。

## 燒賣皮

原料：高筋麵粉 500 克，雞蛋 1 個，清水 150 克

做法：

1. 將雞蛋的蛋黃與蛋清分離，蛋黃另做他用。

2. 麵粉中加雞蛋清、清水揉和成硬子麵。用濕紗布蓋上靜置餳 15 分鐘。

3. 取餳好的硬子麵團搓成細條，扯成小劑子。

4. 小劑子撒上太白粉後，滾圓再壓扁，接著用小擀麵杖擀成薄圓皮，邊子呈荷葉邊即成。

## 菠菜汁

原料：菠菜 100 克（也可使用其他綠色蔬菜），水 50 克

做法：

1. 菠菜洗淨後切成段。

2. 將切段的菠菜放入果汁機，加入清水攪成茸泥狀。

3. 用細網篩濾渣取汁，即成。

[ 大師秘訣 ]

1. 選用其他顏色的蔬菜即可取得不同的天然色料。如紅蘿蔔的紅橙色，黃糯玉米的黃色等。

2. 生取菜汁顏色要濃些，也可將菠菜入沸水中加小蘇打燙熟再取汁，顏色較鮮亮些。

## 紅油辣椒

原料：二金條辣椒粉 1000 克，生菜籽油 2200 克

做法：

1. 取乾淨湯鍋，倒入生菜籽油，大火燒至八成熱，約 250℃，冒大量白煙時轉中火繼續燒約 3 分鐘至幾乎沒有白煙後關火。此即熟菜籽油。

2. 將辣椒粉置於湯桶內，備用。

3. 待熟菜籽油油溫降至五成熱，約 150℃時，將熱油沖入裝有辣椒粉的湯桶中。

4. 用湯杓充分攪勻後放涼，再蓋上鍋蓋靜置 24 小時即可使用。

[ 大師秘訣 ]

1. 使用紅油辣椒時，只用油的部分，不帶辣椒渣則稱之為「辣椒油」或「紅油辣椒油」。

2. 若購買的菜籽油外包裝沒有標明是「生」菜籽油時，一般為廠家煉製好的熟菜籽油。此時就不須做法 1 的煉油過程，只需將涼的熟菜籽油加熱到 150℃再進行後續程序即可。

3. 建議使用生菜籽油來製作紅油辣椒，因廠家煉製好的熟菜籽油多經過提純的程序，菜籽油的特有風味較不豐富。

現代風貌下的成都人對傳統小吃美食有著無法言喻的迷戀。

## 複製紅油

原料：辣椒粉 300 克，熟菜籽油 240 克，土薑 200 克，連殼乾核桃 100 克，花椒 3 克，白芝麻油 40 克，化豬油 200 克

做法：

1. 將淨湯鍋置中火上，倒入熟菜籽油燒至七成熱，約 210℃，放入拍破的生薑、連殼乾核桃和花椒。
2. 待香味溢出後，將油鍋端離火口，撈去拍破的生薑、連殼乾核桃和花椒。
3. 當油溫降至五成熱，約 150℃時，倒入裝有辣椒粉的湯鍋內。
4. 接著加入化豬油和白芝麻油，晾冷後密封靜置 24 小時即成複製紅油。

## 豆豉醬

原料：豆豉 1000 克，菜籽油 200 克，郫縣豆瓣醬 100 克，醬油 1000 克，胡椒粉 10 克，太白粉水 150 克

做法：

1. 將豆豉剁細，再將郫縣豆瓣醬剁細，備用。
2. 鍋內下菜籽油燒至六成熱，加入剁細的豆豉炒勻，接著加入剁細郫縣豆瓣醬炒香。
3. 再加醬油、胡椒粉攪勻，加熱至微沸時，用太白粉水勾芡，收成濃稠狀即成。

## 複製甜醬油

（又名複製醬油，複製紅醬油）

原料：醬油（紅醬油）1000 克，紅糖 225 克，
八角 15 克，山柰 15 克，草果 15 克，桂皮 10 克，
薑 25 克，蔥 50 克

做法：

1. 將八角、山柰、草果、桂皮放入紗布袋中，綁
   緊袋口成香料袋。生薑拍破，蔥挽成節狀。
2. 取淨湯鍋，下入醬油、紅糖、香料包、薑、蔥，
   中火煮開後轉小火熬製約 45 分鐘。
3. 靜置涼冷後撈去香料包、薑、蔥，即成。

## 清湯

（雞湯、雞高湯、老母雞湯）

材料：治淨老母雞一隻（約 1200 克），清水
5000 毫升

製法：

1. 炒鍋中加入清水至七分滿，旺火燒開，將治淨
   後的老母雞入開水鍋中汆燙約 10 ～ 20 秒後
   出鍋，洗淨備用。
2. 將汆過水的老母雞放入紫砂鍋內灌入水，先旺
   火燒開，再轉至微火，加蓋燉 4~6 小時即成。

## 雞汁

原料：治淨老母雞 1 隻（約 1200 克），清水 5
公斤，生薑塊 100 克，料酒 25 克

做法：

1. 治淨老母雞用沸水燙去血水，洗淨後放入湯
   桶。
2. 加入清水、拍破的生薑塊、料酒，用大火煮沸
   後除盡浮沫。
3. 再改用中小火熬製 4 小時，取出生薑塊，雞肉
   另作它用，即成雞汁。

## 原湯

原料：淨老母雞半只（約 1000 克），肘子 750 克，
豬棒子骨 200 克，豬蹄 500 克，清水 15 公斤，
生薑 50 克，蔥結 50 克

做法：

1. 將淨老母雞、肘子、豬棒子骨、豬蹄清洗淨後，
   入沸水中燙出浮沫，將燙好的原料撈出後用水
   沖乾淨。除去雞、肘、蹄、棒子骨的血泡汙沫。
2. 將燙過、沖淨的老母雞、肘子、豬棒子骨、豬
   蹄放入大湯鍋內摻清水，旺火燒沸後再次撇去
   浮沫。
3. 接著加拍破的生薑、蔥結，先用旺火燒製 2 小
   時，後改用小火燉 2 小時，即成色白味濃的原
   湯。

## 鮮湯

（湯、高湯、鮮高湯）

原料：豬筒骨（豬大骨）5 公斤，豬排骨 1500 克，老母雞 1 隻，老鴨 1 隻，清水 35 公斤，薑塊 250 克，大蔥 250 克，料酒 200 克

做法：

1. 將豬筒骨、豬排骨、老母雞、老鴨斬成大件後，入開水鍋中汆水燙過，出鍋用清水洗淨。

2. 將清水 35 公斤、薑塊、大蔥、料酒加入大湯鍋後，下汆好的豬筒骨、排骨、老母雞、老鴨大火燒沸熬 2 小時，期間產生的雜質需撈乾淨。

3. 再轉中小火保持微沸熬 2~3 小時，濾除料渣即成鮮湯。

## 高級清湯

（特製清湯）

原料：鮮湯 5 公升，豬裡脊肉茸 1 公斤，雞脯肉茸 2 公斤，清水 3000 毫升，川鹽約 8 克，料酒 20 毫升

做法：

1. 取熬好的高湯 5 公升以小火保持微沸，用豬里脊肉茸加清水 1000 毫升、川鹽約 3 克、料酒 10 毫升稀釋、攪勻後沖入湯中，以湯杓攪拌。

2. 湯杓掃 5 分鐘後，以細網漏勺撈出已凝結的豬肉茸餅備用。

3. 再用 2 公斤雞脯肉茸加清水 2000 毫升、川鹽 5 克、料酒 10 毫升稀釋、攪勻成漿狀沖入湯中，以湯勺攪拌。

4. 湯杓掃 10 分鐘後，以細網漏勺撈出已凝結的雞肉茸餅。

5. 接著將雞肉茸餅和豬肉茸餅一起裝入紗布袋，綁住封口後，放回湯中，以小火保持微沸繼續吊湯。見湯清澈見底時即成。

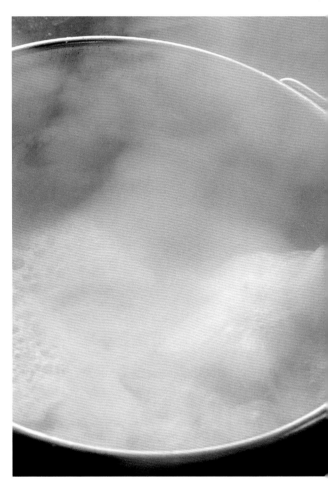

## 奶湯

原料：理淨老母雞 1 隻（約 1200 克），豬肚 1 個（約 500 克），豬蹄 1 支（約 500 克），豬肘 1 支（約 300 克），豬棒子骨 2 根（約 1500 克），生薑 100 克，大蔥 100 克，清水 40 公升

做法：

1. 豬肚、豬蹄、豬肘整理後洗淨，與理淨老母雞一同放入湯鍋中焯去血水撈出。

2. 將棒子骨墊入大湯鍋底部，放入焯去血水的豬肚、豬蹄、豬肘和老母雞，加入清水燒沸。

3. 掃去湯面上的浮沫，放入拍破的生薑、挽成結的大蔥，用旺火滾熬約 6 小時，將熬湯的雞、豬蹄、豬肘及其他料渣撈出，即成奶湯。

## 牛肉湯

原料：牛骨 500 克，牛肉 250 克，清水 5000 克，
生薑 25 克，料酒 20 克，花椒 5 克，八角 3 克，
桂皮 3 克，大蔥 20 克

做法：

1. 將牛骨、牛肉洗淨入沸水鍋燙去血水後洗淨，
   放入湯鍋中鍋加入清水。

2. 花椒、八角、桂皮裝入紗布袋中，袋口綁緊放
   入湯鍋，在下入大蔥、拍碎的生薑。

3. 大火煮沸除去浮沫，加入料酒，轉中火慢慢熬
   2 個小時，即成。

## 炒豌豆

原料：乾豌豆 300 克，清水 1000 克，小蘇打 3
克

做法：

1. 乾豌豆淘淨後用水泡 15~16 小時至漲透。

2. 將漲透的豌豆瀝乾水分，倒進鍋中，放入小蘇
   打拌勻，靜置 10 分鐘。

3. 於豌豆鍋中加入清水，以大火燒開，轉中小火
   熬煮約 2 小時至炒爛、翻沙，瀝去多餘水分即
   成。

4. 取乾淨篩箕至於盆上，內墊雙層紗布，將煮好
   的炒豌豆連湯汁舀入篩箕內的紗布上瀝水。

5. 靜置約 2~3 小時至水分完全瀝乾即成。

## 水晶甜肉

原料：肥豬肉 300g 白砂糖 50g

做法：

1. 採用熟豬肥膘肉切成小丁，加入白糖拌勻，放
   入冰箱冷藏蜜製約 20~30 天即成透明油亮的
   甜肉丁。

澆在麵上，金黃誘人的炒豌豆，滋味更是誘人。

## 豬肉抄手餡心

原料：豬腿瘦肉 500 克，清水 420 克，雞蛋清 1 個，
川鹽 12 克，薑汁 25 克，胡椒粉 2 克，料酒 5 克

做法：

1. 將豬腿瘦肉洗淨後，
   用絞肉機絞成細茸狀
   （傳統是用刀背捶
   茸）入盆內。

2. 加入川鹽、胡椒粉及
   1/4~1/3 的水，水必
   須分多次加入，邊攪
   邊加，用力順著一個
   方向攪拌到見不到汁
   水，才能再加水。

3. 當全部清水都攪入肉茸後，將雞蛋液清倒入，
   再加入薑汁、料酒，繼續拌至呈飽和的漿糊狀
   即成餡心。

## 冰橘甜餡

原料：橘餅 150 克，冰糖 50 克，白糖 100 克，熟麵粉 50 克（見 059），化豬油 150 克

做法：

1. 將橘餅切成細粒，冰糖壓碎成細末，加入白糖、熟麵粉拌勻。
2. 再下入化豬油反覆揉擦均勻，揉合成團，即成。

## 玫瑰甜餡

原料：蜜玫瑰 25 克，白糖 200 克，熟麵粉 75 克（見 059），化豬油 80 克

做法：

1. 將蜜玫瑰用刀切細放入盆中，加入白糖、熟麵粉攪拌均勻。
2. 再下入化豬油反覆揉擦均勻，揉合成團，即成。

成都市花椒海椒與香料的綜合批發市場。

## 糖色

原料：白糖（或冰糖）500 克，沙拉油 50 克，水 300 克

做法：

1. 將白糖（或冰糖）、沙拉油入鍋小火慢慢炒至糖溶化，糖液的色澤由白變成紅亮的糖液，且糖液開始冒大氣泡時，加入水熬化即成糖色。

[ 大師秘訣 ]

1. 炒糖色要炒出香氣，但顏色要嫩點，嫩一點的糖色可讓成菜紅亮回甜；糖色炒老了，顏色太深且容易發苦，影響成菜的口感。

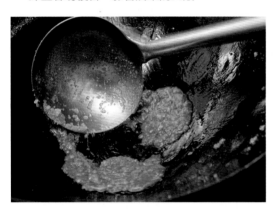

## 薑汁（蔥汁）

原料：生薑 10 克（蔥 10 克），水 50 克

做法：

1. 用刀背把生薑（蔥）拍破，置於碗中。
2. 將水倒入，浸泡約 10 分鐘，即成。

## 生薑汁

原料：生薑 50 克

做法：

1. 生薑切小塊，再以刀背剁茸。
2. 將生薑茸裝入棉布袋中擠取汁，即成。

## 花椒水

原料：紅花椒 3 克，沸水 60 克

做法：

1. 紅花椒用清水洗淨後，瀝乾置於碗中。
2. 將沸水倒入碗中，浸泡約 5 分鐘，用網杓撈去花椒即成。

動手做

天府麵製品小吃

# 成都擔擔麵

風味・特點 | 麵條滑爽無湯，麻辣味鮮

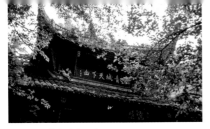

道教聖地「青城山」山門。

 **065**

**原料：（10 人份）**

鮮麵條 500 克（見 143），去皮豬肉 250 克，宜賓芽菜末 75 克，紅油辣椒 30 克，醬油 80 克，蔥花 35 克，川鹽 2 克，料酒 15 克，保寧醋 15 克，鮮湯 400 克（見 149），化豬油 100 克

**做法：**

1. 將豬肉洗淨，剁成綠豆大的粒。入炒鍋中，開中火，加化豬油、料酒、川鹽、醬油燜炒至酥香、色黃，起鍋成麵臊。

2. 先將醬油、芽菜末、蔥花、紅油辣椒、鮮湯、保寧醋等均分放入 10 個麵碗中。

3. 鍋中加清水燒沸，下入麵條煮至成熟，分別撈入碗內，澆上肉臊即成。

**[ 大師訣竅 ]**

1. 掌握好各調味料的用量，根據個人喜好，可放紅醬油等調味料，也可加大以上個別調味料的用量，如紅油辣椒、花椒粉。

2. 煮麵條，必須火大水沸之後麵才下鍋，水量應寬多，煮出來的麵條才不會黏糊，才爽口。煮製期間根據火力酌情加些清水控制沸而不騰，煮至麵條剛熟即可，煮得太軟就沒口感。

3. 此麵條不需加湯或麵湯，屬乾撈麵類。

**066**

# 邛崍奶湯麵

風味 · 特點 ｜ 湯色乳白鮮美，麵條滑爽不膩

**原料：（10 人份）**

鮮麵條 500 克，胡椒粉 5 克，川鹽 25 克，蔥花 15 克，鮮青辣椒 120 克，理淨老母雞 1 只（約 1200 克），豬肚 1 個（約 500 克），豬蹄 1 支（約 500 克），豬肘 1 支（約 300 克），豬棒子骨 2 根（約 1500 克），生薑 100 克，大蔥 100 克，清水 40 公斤

**做法：**

1. 豬肚、豬蹄、豬肘整理後洗淨，與理淨老母雞一同放入湯鍋中焯去血水撈出。

2. 將棒子骨墊入大湯鍋底部，放入焯去血水的豬肚、豬蹄、豬肘和老母雞，加入清水燒沸。

3. 掃去湯面上的浮沫，放入拍破的生薑、挽成結的大蔥，用旺火滾熬約 6 小時成奶湯。

4. 將熬湯的雞、豬蹄、豬肘撈出去骨，將肉切成小條，豬骨、雞骨重新放入湯中繼續用小火慢煨。豬肚另作他用。

5. 青辣椒洗淨切細，加入川鹽 15 克拌勻，分成 10 份即是青椒味碟，待用。

6. 麵條入沸水中煮熟，撈入分別盛有胡椒粉 0.5 克、鹽 1 克及奶湯 150 克的碗內，麵上放雞肉條、豬蹄肘肉條，撒上蔥花，與青椒味碟一起上桌食用。

**[ 大師訣竅 ]**

1. 熬湯用的雞一定要選老母雞熬製才有香氣，熬湯、吊湯之前必須要除淨血污水，以減少腥異味。

2. 熬奶湯需用旺火、中火輪番熬製，促使水溶性蛋白質與脂肪大量溶化釋出，並在滾沸間相互作用而使湯色呈乳白色。

3. 麵條上也可不加雞肉、豬蹄，另作他用。

# 成都甜水麵

**風味・特點** | 滑帶韌，鹹甜香辣

## ❀ 067

**原料：**（10 人份）

高筋麵粉 500 克， 水 250 克，
川鹽 10 克，複製甜醬油 100 克
（見 148），紅油辣椒 200 克（見
146），蒜泥 30 克，白芝麻油 35 克，
菜籽油 25 克，酥花生碎 50 克

**做法：**

1. 麵粉倒入案板上，中間刨個窩，
   加清水、川鹽和勻，揉成子麵團，
   用濕紗布搭蓋，餳約 20 分鐘左
   右。

2. 餳好的子麵團再次揉製成圓團，
   壓成餅狀，兩面抹上菜籽油，擀
   成 0.5 公分厚的麵皮，再切成 0.5
   公分寬的條，即成筷子粗麵條。

3. 將麵條入沸水中，煮至熟後分別
   撈入 10 個碗內，放入複製甜紅
   醬油、紅油辣椒、芝麻油、蒜泥、
   酥花生碎即成。

[ 大師訣竅 ]

1. 麵團不可和得太軟或過硬，太軟
   時加麵粉調節，太硬加清水調
   整。

2. 複製甜醬油是此麵條的滋味的特
   色關鍵之一，建議自行熬製。

3. 有些地方，甜水麵調味加芝麻醬
   或花椒粉等，屬於地方口味之
   分。

## ❀ 068

# 宜賓燃麵

風味・特點｜色澤紅亮，味鮮美香辣，麵條爽口

**原料：**（10 人份）

鮮麵條（細）500 克（見 143），複製紅油 120 克（見
147），敘府芽菜 50 克，蔥花 50 克，醬油 50 克，熟白
芝麻粉 30 克，油酥花生 30 克，熟菜籽油 10 克

**做法：**

1. 將油酥花生剁成細粒。

2. 芽菜洗淨切細，下鍋用熟菜籽油炒香。

3. 用沸水旺火將麵條煮熟，用漏瓢撈起，用力甩乾水分，
   分裝在 10 個碗內。

4. 每碗加入複製紅油 12 克後盡快將麵條抖散，直到均勻
   巴上紅油並紅亮，再加入醬油、芽菜、熟白芝麻粉、
   油酥花生粒和蔥花即成。。

[ 大師訣竅 ]

1. 麵條質地要乾，煮麵的水要寬，火要旺，麵下鍋斷生
   即撈出。久煮後拌製容易粘連，也不爽口。

2. 若時間許可，建議一碗碗煮製，而煮好的麵條必須甩
   乾水分，才更能確保麵條爽口。

3. 用油量可稍多一些，但不能放過多醬油之類帶汁水的
   調料。

4. 若不吃辣，可將複製紅油換成熟燙的化豬油或其他植
   物油拌製，即成「白油燃麵」。

# 川味涼麵

風味・特點｜ 酸香麻辣回甜，味濃厚爽口

## 070
# 麻辣小麵
風味 · 特點│ 麻辣鮮香，爽滑利口

**原料：（5 人份）**
鮮麵條 500 克（見 143），冬菜 30 克，醬油 80 克，蔥花 30 克，紅油辣椒 100 克（見 146），芝麻醬 25 克，蒜泥 20 克，花椒粉 10 克，白芝麻油 20 克，鮮湯 250 克（見 149）

**做法：**
1. 冬菜洗淨，切成細末。
2. 麵碗內放醬油、芝麻醬、芝麻油、紅油辣椒、花椒粉、蒜泥及鮮湯。
3. 麵條用沸水煮熟，撈入麵碗中，撒上冬菜末、蔥花即成。

**[ 大師訣竅 ]**
1. 冬菜必須洗淨泥沙，亦可選用宜賓敘府芽菜。
2. 調味注意掌握鹹淡，不能太淡或過鹹，也可酌情添加紅醬油或白糖，或香醋。
3. 要重用紅油辣椒，麵碗中湯汁不可過多，滋味才能有濃郁感。

## 069

**原料：（5 人份）**
鮮麵條（細圓）500 克（見 143），綠豆芽 150 克，複製甜醬油 100 克（見 147），醬油 80 克，白芝麻油 20 克，蒜泥 50 克，花椒粉 5 克，保寧醋 50 克，蔥 15 克，熟菜籽油 50 克

**做法：**
1. 將麵條入沸水鍋中，煮至斷生後撈起，瀝乾水分，倒於大平盤上攤開，澆上熟菜籽油抖散、晾冷成涼麵。
2. 綠豆芽洗淨，在沸水中焯一水，撈出晾冷，放入麵碗內，涼麵放於豆芽上，然後將醬油、芝麻油、蒜泥、保寧醋依次澆在涼麵上，最後灑上花椒粉並放蔥花即成。

**[ 大師訣竅 ]**
1. 煮麵條時要用旺火，水要寬敞而多，煮好的麵條才淨爽。
2. 成為涼麵前還有晾冷的過程，因此煮至麵條斷生後立即撈出，不可久煮，做成的涼麵才不會炮軟，不爽口。
3. 為確保涼麵條爽口，一般選用圓條細麵為宜。
4. 澆油時，麵條一定要抖散以利盡快涼透並均勻沾裹上油，避免粘連，如量大可用電風扇吹晾。
5. 調味上可任意改變添加其他調味料，也可用各種臊子，如加熟雞絲、熟肉絲，即成「雞絲涼麵」、「肉絲涼麵」等品種。

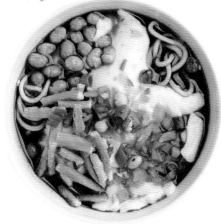

## 071

# 麻辣豆花麵

風味・特點｜ 麻辣酥香脆嫩，味濃厚麵條爽口

**原料：（10 人份）**

鮮麵條 500 克（見 143），嫩豆花 500 克（見 256），饊子段 25 克，油酥黃豆 25 克，鹽大頭菜粒 25 克，芝麻醬 50 克，紅油辣椒 50 克（見 146），醬油 150 克，花椒粉 3 克，蔥花 25 克，甘薯粉 15 克，清水 300 克

**做法：**

1. 將甘薯粉用清水 50 克泡透、攪散成甘薯粉漿，鍋中加清水 250 克左右燒沸，倒入甘薯粉漿攪成芡汁，把豆花舀入芡汁中，用微火保溫。

2. 將紅油辣椒、芝麻醬、醬油、花椒粉均分放入 10 個碗內，將煮熟的麵條撈入調料碗內，然後舀入豆花，撒上饊子段、油酥黃豆、大頭菜粒、蔥花即成。

**[ 大師訣竅 ]**

1. 甘薯粉（紅苕粉）一定要先浸泡透，攪散攪勻，才能倒入沸水鍋中攪成熟芡，避免顆粒不散，造成夾生。

2. 芡汁一定要濃稠，才能巴味保溫。

3. 麵條不要煮得太軟，否則整碗口感糊成一團。

4. 不宜額外摻湯在碗中，會破壞芡汁稠度而不能讓滋味巴在麵條上。

## 072

**原料：（10 人份）**

鮮麵條（細）500 克（見 143），鮮鯉魚 1 尾（約 400 克），水發玉蘭片 35 克，水發金鉤 25 克，水發香菇 25 克，雞蛋清 1 個，芽菜末 15 克，蔥 35 克，生薑 15 克，郫縣豆瓣 25 克，川鹽 7 克，料酒 10 克，胡椒粉 0.5 克，醬油 50 克，太白粉水 15 克，太白粉 15 克，保寧醋 8 克，花椒油 15 克，熟菜籽油 50 克，化豬油 250 克，紅油辣椒 25 克（見 146），鮮湯 250 克（見 149），蒜末 15 克

**做法：**

1. 將將鯉魚去鱗理淨，取下淨魚肉，淨魚肉切成指甲片，加入料酒、蛋清、太白粉、川鹽 3 克拌勻。

2. 豆瓣剁細，取 25 克蔥挽成結，剩餘的蔥切成細蔥花。生薑拍破，金鉤切細，香菇、玉蘭片分別切成指甲片。

3. 炒鍋置中火上，放入化豬油 200 克燒至四成熱，放入魚片滑炒至散籽撈出。

4. 將鍋中化豬油倒出另做他用，下入熟菜籽油以中火燒至四成熱，把豆瓣焅香，放入鮮湯熬出味後，撈去豆瓣渣，放入魚骨，做法 2 的生薑、蔥結，熬出鮮味，撈出魚骨、薑蔥。

5. 下入做法 2 金鉤、芽菜末、玉蘭片、香菇稍熬煮約 1 分鐘，然後放川鹽 4 克、魚片、蒜末、保寧醋，勾入太白粉水，加入花椒油，成魚羹臊子。

6. 取 10 個麵碗，將醬油、胡椒粉、化豬油 5 克、紅油辣椒均分放入碗中，將煮熟的麵條撈入，澆上魚羹臊子，撒上蔥花即成。

**[ 大師訣竅 ]**

1. 魚必須要選用活魚製作，也可用鯰魚或鯽魚、草魚製作。

2. 滑魚片時要注意油溫不宜過高，鍋要事先炙好以避免巴鍋。

3. 熬魚湯後必須要撈盡渣料，以免影響成品該有的細緻感。

4. 勾芡不能太乾，稀糊狀即可，方便攪勻。

5. 芽菜末也可不在煮製魚羹臊子時加入，而是撈入煮熟麵條前放入碗內。

# 宋嫂麵

**風味・特點** | 鮮香濃厚，入口爽滑，微帶麻辣

重慶市著名的解放碑廣場。

## ✿ 073

# 紅湯爐橋麵

風味 · 特點│麵條綿韌滑爽,味香麻辣鹹鮮

**原料:(8 人份)**

高筋麵粉 500 克,雞蛋 2 個,清水 120 克,紅油辣椒 100 克(見 146),花椒粉 8 克,醬油 75 克,紅醬油 50 克,芽菜末 25 克,蔥花 15 克,香油 5 克,鮮湯 250 克(見 149),撲粉適量(高筋麵粉)

**做法:**

1. 麵粉倒盆內,加入雞蛋液、清水和成子麵團,用濕紗布蓋上餳約 25 分鐘。

2. 將餳好的麵團搓成直徑 5 公分的粗長條,扯成每個約 100 克的劑子,然後壓扁,均勻撲上些許麵粉,擀成厚約 0.2 公分的圓麵皮。

3. 再將圓麵皮對疊成半圓形,用刀在半圓形的直邊上切成麵條狀,但圓弧邊留約 1 公分左右不切斷,展開圓皮成爐橋形麵皮。

4. 將爐橋形麵皮入沸水鍋煮熟,每張麵皮一份,分別撈入麵盤內,加入適量的紅油辣椒、醬油、紅醬油、花椒粉、芽菜末、蔥花、香油、鮮湯即成。

**[ 大師訣竅 ]**

1. 和麵不要太硬或過軟,太硬不好擀製,過軟容易不成形。

2. 擀麵厚度要均勻,灑上麵粉的目的是避免沾黏,使用要適量。

3. 煮麵用大火,水要寬,煮好的麵皮口感才勁爽。

## 074

# 豆湯手扯麵

風味 · 特點｜
麵皮滑軟，味道清香，鹹鮮適口

**原料：（10 人份）**

高筋麵粉 500 克，清水 8250 克，炆豌豆 500 克（見 150），熟豬大腸 150 克，豬骨 400 克，生薑 50 克，胡椒粉 10 克，川鹽 15 克，醬油 25 克，蔥花 25 克，雞精 5 克，熟菜籽油 2 克

**做法：**

1. 豬骨洗淨入鍋，摻清水 8000 克燒沸後打盡浮沫，加入胡椒粉和拍鬆的生薑，以旺火熬約 4 小時至湯色呈乳白的乳湯，備用。熟豬大腸切薄片。

2. 麵粉中加入川鹽 2 克、清水 250 克揉成均勻的軟子麵團，靜置餳 20 分鐘以上，再搓好條盤成圈，備用。

3. 煮麵前扯成重約 10 克的劑子，一碗麵需 8~10 個劑子，每個抹少許熟菜籽油，依次用擀麵杖擀成長方形麵皮，再用手扯細拉薄成雞腸帶狀的麵條。

4. 取小湯鍋，舀入做法 1 的乳湯，加切成薄片的熟豬大腸 20 克和炆豌豆 100 克煮滾，再加入做法 3 扯好的麵條煮熟，舀入放有適量川鹽、醬油、雞精、蔥花的碗內即成。

**[ 大師訣竅 ]**

1. 熬製乳湯時務必保持滾沸狀態，水要一次加足，湯才濃香。

2. 以加了豬大腸和炆豌豆的滾沸乳湯煮麵條，麵條才入味，才有濃郁的鮮香味。

3. 麵團揉製時間要足，一定要揉至均勻，筋力佳才易於扯製成麵條，口感也好。

4. 用手扯麵，要用力均勻，避免扯破或扯斷。

## 075

# 豌豆雜醬鋪蓋麵

風味 · 特點｜ 麵皮勁道滑爽，湯味鮮，臊子香

**原料：（6 人份）**

高筋麵粉 500 克，清水 250 克，炆豌豆 200 克（見 150），去皮豬肥瘦肉 200 克，醬油 25 克，甜麵醬 25 克，川鹽 5 克，蔥花 15 克，原湯 1500 克（見 148），化豬油 50 克

**做法：**

1. 麵粉中加川鹽、清水揉和成軟子麵團，靜置餳 15 分鐘。

2. 鍋內放化豬油燒熱，下炆豌豆炒香至翻沙，摻入原湯，放鹽熬成豆湯。

3. 另將豬肥瘦肉剁碎，入鍋加化豬油、甜麵醬、醬油炒香成雜醬臊子。

4. 將餳好的麵團扯下一小坨，將其用力拉扯成一張厚薄均勻的麵皮，入沸水鍋煮熟撈入碗中，舀入豌豆湯，再澆上雜醬臊子，撒上蔥花即成。

**[ 大師訣竅 ]**

1. 和麵一定要將筋力揉搓到位。不停地反復揉搓至麵筋力強為准。

2. 拉扯麵皮時，不可拉扯穿麵皮，一定要拉扯成極薄的大張麵皮，一般兩張麵皮可盛一碗左右。

3. 可搭配多種麵臊。

## 🌸 076
# 青菠檐檐麵

風味 · 特點│ 色澤碧綠，麵條爽滑，麻辣鮮香

**原料：（10 人份）**
手工青菠麵 500 克（見 143），淨豬肥瘦肉 300 克，芽菜 30 克，紅油辣椒 100 克（見 146），花椒油 30 克，芝麻醬 30 克，蒜泥 25 克，蔥花 35 克，料酒 15 克，醬油 80 克，化豬油 100 克

**做法：**
1. 豬肉剁成綠豆般大小的粒，加化豬油入鍋中火炒製，加料酒、醬油 30 克炒至酥香成酥臊子。
2. 將醬油、紅油辣椒、蒜泥、花椒油、蒜泥、芽菜、蔥花、芝麻醬分別放入小碗內。
3. 鍋內清水燒沸後，放入青菠麵條煮熟，撈入碗中，舀入酥臊子即成。

**[ 大師訣竅 ]**
1. 肉臊一定要煸炒至酥，吃麵時肉香味才濃而突出。
2. 碗內可放點煮麵湯、以方便將麵與調料拌勻，但不宜過多，多了，滋味就會變薄。

## 🌸 077
# 新都金絲麵

風味 · 特點│ 色澤金黃，細如絲線，鹹鮮爽口，久置不糊

**原料：（10 人份）**
高筋麵粉 500 克，雞蛋 5 個，高級清湯 1500 克（見 149），鮮嫩小白菜葉 10 片，川鹽 15 克，香油 25 克，撲粉（太白粉）300 克（實耗約 30 克）

**做法：**
1. 將麵粉倒在案板上，中間刨個窩。將雞蛋打入碗內攪散，倒入麵粉中間的窩中，由內而外的將麵粉與蛋液攪拌在一起成雪花片狀，接著揉和均勻成團，再揉擂搓成光滑的全蛋麵團，用濕紗布蓋住餳 10 分鐘左右。
2. 然後用雙手握緊拳頭擂壓餳好的全蛋麵團，使麵團成長方形時，再撲上太白粉，用擀麵杖推、擀、壓，反復幾次後成麵皮。
3. 將麵皮撲上太白粉再卷在　麵杖上壓擀成約 0.05 公分厚、可透字的極薄麵皮。之後展開麵皮，疊成幾層，用專用切麵刀切成棉絲粗細的麵絲。
4. 將川鹽、香油分別放入小碗內，摻入特製清湯，小白菜葉燙熟撈起瀝乾水分，待用。
5. 鍋中加入清水，燒沸後下入下入麵條，麵條浮於水面，即可撈入麵碗內，放上小白菜葉即成。

**🏵 078**

# 新繁銀絲麵

風味 ‧ 特點│ 色澤銀白，細如棉線，滑爽味美

[ 大師訣竅 ]

1. 攪蛋一定要儘量攪散，沒完全攪散時可能產生麵團顏色、質地不均勻的情況。

2. 揉和蛋液、麵粉要抓拌至呈雪花片狀時，才能將麵團揉擂成團，揉得越勻越好。

3. 每擀壓一次，均需撲太白粉，避免麵皮黏連，掌握好太白粉用量，過多使用會造成麵皮過硬。

4. 麵條不能久煮，否則會影響清爽質地和口感。

**原料：（ 10 人份 ）**

精白麵粉 500 克，雞蛋清 10 個，高級清湯 1500 克（見 149），撲粉太白粉 300 克（實耗約 30 克），鮮嫩小白菜葉 10 片，川鹽 15 克

**做法：**

1. 雞蛋清入盆攪散，加入麵粉揉和均勻，不黏手、不黏盆、麵團表面光滑後取出，在案板上反復揉擂壓，使蛋清充分與麵粉融合，用濕紗布蓋住餳 10 分鐘左右成蛋清麵團。

2. 將餳好的蛋清麵團用擀麵杖先從中間向兩邊按壓，使之延伸，再反復擀壓幾次成麵皮後灑上太白粉，將麵皮裹在擀麵杖上，推擀成極薄的麵皮。

3. 邊擀邊撒太白粉，擀至麵皮能透字時，將麵皮多層折疊為寬約 7~8 公分的條，用長形切麵刀切成極細的麵絲，即成銀絲麵。

2. 鍋中加入清水，燒沸後下入銀絲麵，浮起即撈入麵碗。碗內加鹽後灌入清湯，把小白菜葉燙熟，放在麵上即成。

[ 大師訣竅 ]

1. 蛋清必須要攪散才能和麵，才容易和均勻。

2. 揉麵要注意掌握麵團的軟硬度，過軟會沾黏，太硬容易斷。

3. 合理使用太白粉擀製，每次擀壓推後都應撲上太白粉，避免麵皮黏連。

4. 此麵條可使用各種麵臊，如雞絲、火腿、海參等。

## 079

# 清菠柳葉麵

風味‧特點｜麵色碧綠清秀，鹹鮮味美形如柳葉

**原料：（6 人份）**

高筋麵粉 500 克，菠菜汁 120 克（見 146），雞蛋清 2 個，川鹽 10 克，熟冕寧火腿絲 50 克，熟雞絲 50 克，水發香菇絲 50 克，胡椒粉 3 克，化豬油 50 克，鮮湯 800 克（見 149），撲粉適量（太白粉）

**做法：**

1. 將菠菜汁、雞蛋清與高筋麵粉揉和成綠色麵團，靜置餳約 10 分鐘。

2. 將餳好的綠色麵團擀成薄麵片，斜切成柳葉形的麵條，撲粉待用。

3.. 炒鍋內放化豬油以中火燒至四成熱，下熟火腿絲、熟雞絲、香菇絲略炒，摻入鮮湯，放川鹽、胡椒粉燒入味成麵臊。

4. 將適量的柳葉形麵條入沸水鍋中煮熟，撈入碗內，舀入湯臊即成。

**[ 大師訣竅 ]**

1. 麵團不可揉和得太軟，要揉成硬子麵狀態為宜。

2. 切柳葉形麵條，應先將麵皮折疊成幾層整齊，用刀斜切邊子。

3. 煮製時，也可先將麵條略煮，再與湯臊一起煮製，柳葉麵食法多樣，一般多以湯臊為主。

## 080

**原料：（10 人份）**

中筋麵粉 500 克，雞蛋清 2 個、胡蘿蔔 250 克，清水 50 克，川鹽 5 克，芝麻醬 25 克，花生醬 25 克，複製甜醬油 35 克（見 148），複製紅油 50 克（見 147），蔥花 15 克，白芝麻油 15 克，蒜泥 20 克，香油 15 克

**做法：**

1. 胡蘿蔔洗淨後榨汁。將胡蘿蔔汁 150 克同麵粉、雞蛋清、川鹽和清水揉勻成軟子麵，用濕紗布蓋上餳 15 分鐘。

2. 將麵團分成 10 個劑子（1 個劑子為一碗的量）搓成長條，雙手捏住兩頭，拉扯搓圓成筷子粗的麵條，入沸水鍋中煮熟，撈入碗內。搭配用芝麻醬、花生醬、複製甜醬油、香油、蒜泥、紅油蔥花對成的調味汁一起上桌，食用時再將調味汁淋入。

**[ 大師訣竅 ]**

1. 胡蘿蔔取汁要去盡渣料。使用渣汁分離的榨汁機較為方便。

2. 和麵團不能太硬，揉軟和揉均勻，質地口感才爽滑綿軟。

3. 麵條不要拉扯斷，一根麵根據碗尺寸來拉，每根必須夠裝一碗。

體驗四川最好的方式就是走進茶舖子。

# 養生長壽麵

**風味・特點|** 麵條細長滑爽，味香辣甜鹹鮮，麵長意義深遠

## 🌸 082

# 香菇海螺麵

風味 · 特點 |
鹹鮮味美，麵形似海螺，綿韌可口

**原料：（10 人份）**
中筋麵粉 500 克，清水 220 克，豬肉 200 克，水發香菇 25 克，午餐肉 35 克，水發玉蘭片 100 克，胡椒粉 5 克，醬油 40 克，薑末 25 克，川鹽 10 克，化豬油 100 克，鮮湯 1000 克（見 149）

**做法：**

1. 中筋麵粉置於案板上，加入清水，揉製成軟子麵團，蓋上濕紗布靜置餳 15 分鐘。

2. 將餳好的軟子麵團搓成 1 公分粗的條，再切成 1 公分長的小劑，將每個小劑壓在乾淨木梳上，壓上梳齒狀紋，再扭成海螺形成海螺麵。

3. 起沸水鍋，下入海螺麵煮熟後撈起，倒入清水中漂涼。

4. 豬肉洗淨，切成指甲片狀，午餐肉、水發玉蘭片、香菇也分別切成指甲片。

5. 鍋內下化豬油以中火燒至四成熱，放入肉片炒散，加川鹽、薑末、醬油炒上色，下入香菇、玉蘭片、鮮湯燒沸入味後，再將做法 3 漂涼的海螺麵瀝乾，下入鍋內燴煮成熟，盛入碗內加適量胡椒粉即成。

**[ 大師訣竅 ]**

1. 和麵的用水量要掌握準確，不能太硬或過軟，確保造型不走樣。

2. 麵團要反復揉製 3 分鐘以上，成品口感才綿韌。

## 🌸 081

# 三鮮支耳麵

風味 · 特點 | 湯臊鮮美，口感爽滑，韌勁十足，形似貓耳

**原料：（10 人份）**
中筋麵粉 300 克，清水 120 克，熟雞脯肉 50 克，熟宣寧火腿 50 克，冬筍 50 克，化豬油 35 克，川鹽 10 克，胡椒粉 2 克，雞精 2 克，鮮湯 2000 克（見 149），薑片 15 克，蔥白段 15 克，蘑菇 50 克，撲粉適量（中筋麵粉）

**做法：**

1. 麵粉中加清水揉成軟子麵團，靜置餳 15 分鐘。

2. 將熟雞肉、熟火腿、蔥花、冬筍分別切成指甲片。將炒鍋內放化豬油燒熱，下薑蔥炒香，摻入鮮湯燒沸後，撈去薑蔥，加入雞肉、火腿等料，再加胡椒粉、雞精、川鹽燒好後，置於微火上保溫，成三鮮湯臊。

3. 將餳好的子麵團搓成直徑約 1 公分長條，用麵刀切成 1 公分長的小劑子。

4. 案板撒上少許撲粉，取一小劑子放上，用拇指按住，用力在案板上推擦成貓耳朵形麵塊。依此方法將全部的小劑子推擦貓耳朵麵塊，備用。

5. 將貓耳朵麵塊入沸水中煮熟後，撈入三鮮湯臊鍋中，略煮再分裝入碗內即成。

**[ 大師訣竅 ]**

1. 麵團要多揉製，使其均勻有勁，並以多次加水的方式控制軟硬度。

2. 用大拇指揉麵塊，用力要均勻，順勢而成自然捲曲。

3. 麵團太硬，推擦時易斷裂，過軟則會不成型。

4. 麵塊也可先製煮成熟後撈起，用清水漂涼，食用時再加入湯臊中煮熱。

3. 用手指按壓梳齒狀紋時,用力要均勻,成形一致才能體現精緻感。

4. 煮燴時,湯量要恰當,調輔料不能下過多造成過鹹而沒了鮮香味。

## 083

# 旗花麵

風味 · 特點│ 顏色鮮豔,味鹹鮮爽口

**原料:(10 人份)**

中筋麵粉 400 克,胡蘿蔔 500 克,蘑菇 50 克,午餐肉 50 克,去皮青筍 100 克,化豬油 50 克,水發黑木耳 50 克,川鹽 10 克,胡椒粉 3 克,鮮湯 1500 克(見 149)

**做法:**

1. 胡蘿蔔洗淨後用榨汁機榨汁,將 180 克胡蘿蔔汁與麵粉和成紅色麵團,揉勻後靜置餳 15 分鐘。

2. 用擀麵杖將餳好的紅色麵團擀壓成薄麵皮,切成三角旗子形麵塊。

3. 蘑菇、午餐肉、去皮青筍分別切成片,木耳撕成小塊。

4. 炒鍋內放化豬油以中火燒至四成熱,下入青筍、蘑菇片炒熟,摻入鮮湯,放入午餐肉片、木耳、川鹽、胡椒粉,然後將麵塊放入一併燴煮成熟,即成。

**[ 大師訣竅 ]**

1. 和麵時可加少許鹽,菜汁顏色可隨意加減,不足的水份用清水補足,但避免水份過多。

2. 麵團要反復揉製 3~4 分鐘,成品口感才綿韌。

3. 也可先把麵塊煮熟,再加入湯臊中一併燴製。

4. 旗子形為 3 公分寬,約 9 公分長的三角形,稱為旗子或旗花。

 084

# 素椒麻花麵

風味 · 特點│鹹甜香辣,綿韌爽口,風味尤佳

**原料:(10 人份)**

中筋麵粉 400 克,太白粉 50 克,雞蛋清 1 個,川鹽 5 克,清水 135 克,紅油辣椒 100 克(見146),醬油 35 克,複製甜醬油 50 克(見148),蒜泥 50 克,芝麻醬 35 克,白芝麻油 5 克,花椒油 3 克,油酥花生仁 35 克(見 256),蔥花15 克

**做法:**

1. 麵粉與太白粉混合均勻,加川鹽、雞蛋清和清水揉和成硬子麵團,靜置餳約 15 分鐘。

2. 將餳好的麵團擀製成寬 10 公分、厚 0.2 公分的麵皮,再切成約 0.2 公分粗的麵條。

3. 然後將 3 根麵條為一組,用手將麵條扭成麻花形狀,成麻花麵生坯。

4. 鍋內燒沸水,下麻花麵生坯煮至熟透,撈入碗內,加入醬油、紅醬油、紅油辣椒、蒜泥、芝麻醬、白芝麻油、油酥花生仁、花椒油、蔥花即成。

**[ 大師訣竅 ]**

1. 麻花麵團軟硬度應恰當,不能過軟或太硬,才好操作,成形漂亮。

2. 麵團必須多揉製,口感較佳,靜置時間不能過長,以避免變質。

3. 扭麵條的技巧為兩手捏麵條兩端時要一手手背向內,一手手背向外捏住,再往相反方向一扭就成麻花形。

 085

# 番茄蝦仁麵

風味‧特點｜ 鮮嫩爽滑，鹹鮮適口

**原料：（6 人份）**

中筋麵粉 500 克，鮮蝦仁 200 克，番茄 150 克，雞蛋清 3 個、清水 120 克，薑末 5 克，川鹽 16 克，胡椒粉 5 克，化豬油 100 克，奶湯 700 克（見 149），豌豆尖 100 克，蔥花 15 克，太白粉 5 克，撲粉適量（太白粉）

**做法：**

1. 麵粉中加兩個雞蛋清、川鹽 3 克、清水揉和成硬子麵。用濕紗布搭蓋靜置餳 15 分鐘，用擀麵杖擀製成 1~2 毫米的薄麵皮，切成條狀的麵條。

2. 蝦仁去淨沙線洗淨，切成小顆粒，用太白粉、蛋清 1 個、川鹽 2 克上漿，番茄撕去皮，切成小丁，豌豆苗洗淨。

3. 炒鍋內加化豬油 70 克燒熱，轉中小火，下蝦仁滑炒散籽，加薑末、番茄丁、胡椒粉、川鹽 5 克炒勻，摻奶湯 100 克略燒入味成蝦仁麵臊待用。

4. 每一麵碗內放川鹽 1 克、化豬油 5 克、奶湯 100 克及蔥花、胡椒粉，把麵條入沸水鍋中煮熟撈入碗中，澆入麵臊，豌豆尖燙熟放在麵臊上即成。

**[ 大師訣竅 ]**

1. 蝦仁上漿不能太厚，下油鍋的溫度不宜過高，確保顏色潔淨。

2. 蝦仁臊的湯汁不可過多，適量即可。

3. 麵條也可用機器壓成麵皮後，再用刀切成麵條。

 086

# 奶湯海參麵

風味‧特點｜ 湯臊鮮美，清淡可口

**原料：（10 人份）**

鮮麵條 500 克（見 143），水發海參 150 克，熟雞肉 50 克，口蘑（蘑菇）50 克，熟火腿 55 克，薑片 20 克，蔥節 30 克，川鹽 10 克，胡椒粉 5 克，化豬油 50 克，奶湯 1200 克（見 149）

**做法：**

1. 將水發海參、熟雞肉、口蘑、熟火腿分別切成指甲片狀。

2. 炒鍋內放化豬油中火燒熱，下薑蔥炒香，摻入奶湯 200 克，撈出薑蔥不用，放入海參、雞肉、火腿、口蘑、胡椒粉、川鹽，轉小火慢煨至入味，起鍋成湯臊。

3. 麵條入沸水鍋內煮熟，撈入灌有奶湯 100 克的碗內，舀入海參湯臊即成。

**[ 大師訣竅 ]**

1. 製作湯臊時，不可急火煮，因海參須在高湯中小火慢煨才能入味。

2. 麵臊味不可過鹹，宜淡雅才能體現精緻的鮮滋味。

3. 麵條可換成銀絲麵，整體風格更加精緻。

# 087
# 紅燒排骨麵

風味 · 特點｜顏色紅亮，排骨酥軟，味道鮮美

**原料：（5 人份）**

鮮麵條 500 克（見 143），豬排骨 400 克，剁細郫縣豆瓣 50 克，料酒 20 克，拍破薑塊 20 克，蔥結 35 克，川鹽 5 克，醬油 75 克，紅醬油 25 克，白糖 10 克，熟菜籽油 150 克，化豬油 50 克，蔥花 20 克，鮮湯 1000 克（見 149），胡椒粉 3 克，花椒 0.5 克，八角 0.5 克，山柰 0.5 克

**做法：**

1. 豬排骨洗淨，斬成短節。鍋內燒熟菜籽油，下排骨煸炒至水分乾，下入料酒、豆瓣、薑、蔥結、花椒，炒上色後摻入鮮湯 200 克，放八角、山柰、醬油、紅醬油、白糖、川鹽燒至入味汁濃，去盡香料、薑蔥起鍋成排骨臊子。

2. 碗內放醬油、胡椒粉、化豬油、蔥花和適量鮮湯，把煮熟的麵條撈入碗內，舀入排骨臊子即成。

**[ 大師訣竅 ]**

1. 選用豬籤子排骨，斬成約 2.5 公分長的短節即可。

2. 排骨一定要燒至肉能離骨，湯汁要濃稠。

3. 碗底味調料不可過鹹。可酌情加紅油辣椒。

# 088
# 牛肉罐罐麵

風味 · 特點｜湯濃肉香，麵條滾燙，鹹鮮味美

**原料：（5 人份）**

鮮麵條 500 克（見 143），黃牛肉 400 克，水發乾筍 300 克，生薑 20 克，蔥節 35 克，花椒 0.5 克，八角 2 克，山柰 2 克，草果 2 克，桂皮 2 克，料酒 20 克，糖色 50 克（見 152），川鹽 8 克，醬油 50 克，胡椒粉 5 克，香菜 50 克，熟菜籽油 100 克，牛肉湯 1500 克（見 150）

**做法：**

1. 牛肉洗淨，切成小塊，水發乾筍切成斜短節，入沸水中汆一水撈出。

2. 炒鍋中放熟菜籽油燒熱，下入牛肉塊煸炒乾水分，放薑蔥、料酒、花椒及各種香料繼續炒香，再把糖色、醬油、川鹽、胡椒粉入鍋煸炒後摻入牛肉湯燒沸，移至小火上燒製。

3. 待牛肉熟後，加入乾筍節繼續燒至入味肉糯後，揀去薑蔥及香料，分別舀入小砂鍋罐內，再灌入適量牛肉湯。

4. 將麵條入沸水鍋中煮熟，撈入小砂鍋罐內，再將砂鍋罐放在火眼上煨煮，當麵條軟且入味後離火，撒上香菜即成。

**[ 大師訣竅 ]**

1. 牛肉應選用牛肋條部位，熟製後滋糯可口。

2. 燒牛肉先用大火燒沸，後用小火慢燒，一定要燒至糯軟。

3. 牛肉臊也可調製成家常味或麻辣味等風味。

4. 砂鍋罐內摻湯一定要掌握好，過少過多都會影響口味品質。

5. 燒牛肉臊時，香料、花椒可用一紗布包裹後再放入燒製，便於撈出。

農貿市場中的米花糖攤攤。

## 🌸 089

# 碎肉豇豆麵

風味 · 特點｜麻辣鮮香，爽滑，臊酥嫩脆，誘人食欲

### 原料：（5 人份）

鮮麵條 500 克（見 143），去皮豬肥瘦肉 100 克，鮮豇豆 200 克，辣椒粉 20 克，料酒 5 克，醬油 50 克，白芝麻油 10 克，紅油辣椒 50 克（見 146），花椒油 5 克，蔥花 35 克，川鹽 10 克，泡菜鹽水 150 克，沙拉油 50 克

### 做法：

1. 鮮豇豆洗淨後切成細粒，用川鹽、泡菜鹽水拌勻入味。

2. 豬肉洗淨剁碎，入鍋加沙拉油炒散籽，烹入料酒、醬油煵炒至肉末酥香，加入豇豆末炒勻再加入辣椒粉炒製，即成豇豆肉末臊子。

3. 麵碗中放入醬油、紅油辣椒、花椒油、芝麻油、蔥花，撈入煮熟的麵條，澆上豇豆肉末臊子即成。

### [ 大師訣竅 ]

1. 豇豆須切細，用鹽要合適，炒製前須將豇豆水分擠乾。

2. 肉末應將水分炒乾後，再加入料酒、醬油煵炒上色。

3. 豇豆末下鍋後，不宜久炒，確保爽脆口感。

4. 麵碗中底味的調味不能過鹹。

成都的深秋一片金黃。

# 090

# 崇州渣渣麵

風味 · 特點 |
麵條滑爽適口，臊子酥香化渣，味濃厚

**原料：（5 人份）**

鮮麵條（細）500 克（見 143），全瘦豬肉 200 克，川鹽 20 克，醬油 50 克，紅油辣椒 100 克（見 146），白芝麻油 5 克，花椒粉 5 克，細蔥花 25 克，保寧醋 10 克，化豬油 35 克

**做法：**

1. 豬瘦肉切成條，入鍋內略煮至熟，撈出瀝水後用刀剁成肉末狀。

2. 鍋置中火上，將肉末入鍋煸炒至乾肉末狀，加川鹽炒勻成渣渣狀麵臊。

3. 碗內放入醬油、紅油辣椒、白芝麻油、化豬油、花椒粉、保寧醋、蔥花，撈入煮熟的麵條，舀上臊子即成。

**[ 大師訣竅 ]**

1. 豬肉條不可煮得過久，避免肉味過度流，影響麵臊風味。

2. 肉末剁得越細越好，近似肉渣渣。

3. 麵條的調味可酌情添加，也可不放花椒油，或不放醋，還可調成清湯鹹鮮味的渣渣麵。

# 091

# 荷包蛋番茄麵

風味 · 特點 | 湯味鮮美，蛋香酥軟，麵條爽口

**原料：（5 人份）**

鮮麵條 500 克（見 143），雞蛋 10 個，番茄 200 克，胡椒粉 3 克，川鹽 5 克，蔥花 25 克，鮮菜 250 克，化豬油 150 克，鮮湯 1500 克（見 149）

**做法：**

1. 10 個雞蛋依序磕破，入鍋用化豬油一一煎成荷包蛋。

2. 番茄洗淨，去皮切成小丁，入鍋加化豬油 50 克炒香，摻入鮮湯，放川鹽、胡椒粉，大火熬製成番茄湯。

3. 麵條入沸水鍋中煮熟，撈入 10 個麵碗中，將菜葉燙熟放在麵條上，舀入番茄湯，再放上一個煎煎荷包蛋，撒上蔥花即成。

**[ 大師訣竅 ]**

1. 熬番茄湯要用大火熬才會濃，也可將煎蛋一同放湯內熬製，別有風味。

2. 也可將 10 個雞蛋磕入碗中攪散，加入川鹽 3 克攪均勻，再入鍋用化豬油 150 克分別煎成兩面酥香金黃色的蛋餅 10 個，即是番茄煎蛋麵。

3. 麵條如選用掛麵，即為荷包蛋掛麵，效果也佳。

🌸 092

# 燙麵油糕

風味 · 特點｜色澤金黃，外酥內嫩，香甜爽口

**原料：（20 人份）**

中筋麵粉 500 克，清水 600 克，紅糖 200 克，熟麵粉 75 克（見 059），小蘇打 3 克，熟菜籽油 2500 克（實耗 250 克）

**做法：**

1. 鍋中加入清水燒沸後，將麵粉倒入鍋中燙熟，邊倒邊攪至不黏鍋時取出，放在案板上攤開晾涼，然後加入小蘇打揉勻。

2. 紅糖切細後，加熟麵粉揉勻成餡心，分成 20 份待用。

3. 將燙麵分成 20 個小麵劑，分別擀成長方形麵片，包入餡心，壓成寬 4 公分、長 6.5 公分、厚 0.8 公分的長橢圓狀糕坯。

4. 炒鍋置中火上，放熟菜籽油燒至六成熱，一一下入糕坯。

5. 至兩面呈米黃色時撈起瀝油靜置約 3 分鐘後，再次下六成熱油鍋炸至色金黃而皮脆，餡心呈半流體狀即成。

**[ 大師訣竅 ]**

1. 揉紅糖餡時可適當加少許油脂和核桃仁、蜜玫瑰等。

2. 燙麵一定要燙至全熟，因此增加水量燙製。

3. 麵劑子應抹少許熟菜籽油在表面以方便擀製。

4. 油糕的坯形呈兩頭稍厚一點，中間稍微薄些。

5. 油溫應控製好，炸製的油溫不宜過低。要透過兩次炸製的方式才能炸出表面金黃而脆，餡心呈半流體狀。

6. 剛炸好的燙麵油糕餡心溫度極高，要小心食用避免燙傷。

**原料：（20 人份）**

高筋麵粉 500 克，清水 200 克，川鹽 20 克，白糖 10 克，豆沙餡 150 克（見 057），化豬油 2000 克（實耗 500 克）

**做法：**

1. 先把麵粉放入盆中，加入清水、川鹽、白糖，攪拌均勻揉合成團後，上壓麵機，壓成長麵片，再把麵片用切麵機切成 0.3 公分的粗麵條待用。

2. 把化豬油 500 克燒至三成熱，倒入圓盤內，把麵條放進油裡浸約 30 分鐘至透，把浸過油的麵條，盤在另一個圓盤內。豆沙餡分成 20 份備用。

3. 十分鐘後將盤在圓盤中的全部麵條捉起，均勻的拉長、拉細，盤入另一圓盤中。每十分鐘拉一次，拉至麵條細如髮絲的麵絲。

4. 將麵絲整束拉出後放在麵板上，用手把麵絲壓扁，包上豆沙餡收口，稍壓一下成餅，放入冰櫃凍 15 分鐘使其定形，待用。

5. 平底煎鍋中下入能夠淹過餅坯一半的豬油，文火燒至四成熱，把凍好的餅坯放入，煎至起酥，兩面淺黃色，起鍋即成。

**[ 大師訣竅 ]**

1. 麵條只留用厚薄粗細一致的泡入油中，油的溫度不能高或低，溫油把麵條浸透，才能改變麵性而有極佳的延展性。

2. 拉麵時手上用力要均勻，使粗細均勻，避免斷掉。

3. 包餡收口需壓實，以免煎好的餅變型、漏餡。

4. 入冰櫃凍具有定型的效果，因化豬油在低溫會凝結，也便於下鍋。

 **093**

# 銀絲餅

風味 · 特點｜入口酥化，細如髮絲，皮酥餡香

## ❀ 094

# 老成都玫瑰鮮花餅

風味 ‧ 特點 | 色白酥香，香甜化渣，爽口不膩

### 原料：（20 人份）

精白中筋麵粉 500 克，清水 140 克，鮮玫瑰花 20 克，白糖 200 克，化豬油 2000 克（約耗 250 克），熟麵粉 75 克（見 059）

### 做法：

1. 麵粉 350 克中加入化豬油 50 克、清水揉勻成油水麵，用濕紗布蓋上靜置餳麵。

2. 另 150 克麵粉加入化豬油 75 克製成油酥麵，分成 20 份待用。

3. 玫瑰花瓣用清水洗淨，瀝乾水分，晾乾後與白糖 100 克揉搓，揉搓拌勻成茸狀，加入化豬油 80 克、白糖 100 克、熟麵粉拌勻成玫瑰鮮花餡。

4. 將油水麵搓條，扯成麵劑，分別包入油酥麵，按扁擀成牛舌形片，由外向內卷成筒，再按扁擀成圓麵皮。

5. 取圓麵皮包入餡心封口，按扁成圓餅形生坯，再於餅坯中心印一朵紅色的小花。

6. 鍋內放化豬油燒至三四成熱，將餅坯放入鍋中，用小火炸至餅面起酥，浮面後撈出即成

### [ 大師訣竅 ]

1. 玫瑰花只用花瓣，要使勁同白糖揉搓，讓花香及特有滋味釋出。

2. 油水麵和油酥麵要軟硬一致，口感才能化渣。

3. 此酥餅的餅皮組成為油水麵占 2/3，油酥麵占 1/3 即可。

4. 炸製時注意控製好油溫，不可用大火。

5. 也可用鮮茉莉花、鮮菊花做成鮮花內餡。

## 095

# 重陽酥餅

風味 · 特點｜ 皮酥化渣，甜香可口，兩色分明

**原料：（20 人份）**

中筋麵粉 500 克，清水 140 克，冰糖 50 克，橘餅 50 克，白糖 200 克，熟麵粉 50 克（見 059），化豬油 2000 克（約耗 250 克），食用紅色素少許

**做法：**

1. 麵粉 350 克中加入化豬油 50 克、清水揉勻成油水麵。將做好的油水麵 250 克加食用紅色素揉勻成粉紅色麵團待用。

2. 另 150 克麵粉加入化豬油 75 克，揉擦均勻製成油酥麵。

3. 冰糖壓成碎粒，橘餅切成細粒，與白糖、化豬油 120 克、熟麵粉和勻製成冰橘餡，分成 40 份備用。

4. 將白色油水麵分成 20 個小劑子，包入油酥麵，擀成牛舌形麵片，裹成筒狀，按扁擀成圓麵皮，包入餡心搓圓，再按扁成圓餅形生坯。

5. 粉紅色的油水麵，按做法 4 包做成粉紅色圓餅生坯，成品會比白色圓餅略小。

6. 粉紅色圓餅生坯的一面抹少許清水黏在白色餅坯上，入化豬油鍋以三成油溫炸製成熟即可。

**[ 大師訣竅 ]**

1. 油水麵中加油不宜過多，需要反復多揉製，要不沾手不沾板。

2. 粉紅色油水麵不宜染色過深。麵團需用濕紗布蓋上，以免風乾。

3. 擀酥麵要用力均勻、平穩，不可破酥。

4. 炸製時應用新油，油溫不宜過高，用三成油溫炸製即可，確保顏色潔淨。

## 096

# 紅糖餡餅

風味 · 特點｜ 色金黃，綿軟甜香

**原料：（10 人份）**

中筋麵粉 500 克，老發麵 50 克（見 137），清水 200 克，切細紅糖 250 克，蜜桂花 2 克，熟白芝麻 20 克，熟菜籽油 50 克，白糖 25 克，小蘇打 4 克

**做法：**

1. 麵粉中加入老發麵、清水揉勻，靜置發酵半小時成發麵，加入小蘇打、白糖揉勻成正城發麵，靜置餳 20 分鐘待用。

2. 熟白芝麻 15 克壓碎成粉，將切細紅糖、蜜桂花、芝麻粉拌勻成紅糖餡。

3. 將發麵搓條扯成 20 個麵劑，分別包入紅糖餡搓圓，沾少許白芝麻後按扁成圓餅生坯。

4. 平底鍋置中小火上，燒至五成熱，抹上熟菜籽油，放入餅坯，有芝麻的面朝下，用小火烙成黃色翻面。

5. 再淋入少量水蓋上鍋蓋至水分蒸發乾，略烙至底部呈金黃色即成。

**[ 大師訣竅 ]**

1. 發麵不能過老，宜用子發麵，口感較扎實。

2. 餳麵必須用濕紗布搭蓋，以免表面風乾。

3. 烙製餅時，火力要均勻，火候不宜過大，加清水後蓋上鍋蓋可加快熟透且熟度均勻。

**097**

# 菠汁牛肉餅

風味 · 特點｜鬆泡酥軟，餡鮮香，味醇厚

四川雅安漢原縣九襄，清道光年間拔貢黃體誠為旌表其母節孝而請旨修建的石牌坊，其上刻有 48 部川劇戲曲，雕工極為精美。

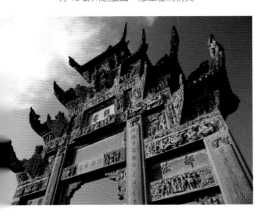

## 原料：（20 人份）

中筋麵粉 500 克，菠菜汁 240 克（見 146），酵母粉 10 克，泡打粉 5 克，白糖 25 克，牛肉 400 克，剁細郫縣豆瓣 20 克，料酒 10 克，醪糟汁 15 克，川鹽 4 克，胡椒粉 2 克，薑末 20 克，蔥花 50 克，花椒油 15 克，熟菜籽油 250 克

## 做法：

1. 牛肉洗淨去筋膜，用刀剁成碎米。鍋中下入熟菜籽油中火燒至五成熱，下入一半牛肉碎、剁細郫縣豆瓣、料酒、醪糟汁、川鹽 1 克、胡椒粉、薑末炒香成熟，盛入盆中。
2. 在炒製好的餡料中加入另一半生牛肉碎混合拌勻，加入川鹽 3 克、蔥花、花椒油拌勻成牛肉餡。
3. 將菠菜汁與麵粉、酵母粉、泡打粉、白糖和勻，揉成綠色發酵麵團，用濕紗布蓋上靜置發酵 15 分鐘。
4. 將發麵團搓條扯成 20 個麵劑子，分別　成麵皮，包入餡心，做成圓餅狀生坯，入籠內擺放整齊，餳發約 25 分鐘左右。
5. 待餳發好後，用沸水旺火蒸約 12 分鐘至熟。
6. 取出蒸熟的牛肉餅，放入平底鍋中用少許熟菜籽油煎烙成兩面微黃，底面酥香即成。

## [ 大師訣竅 ]

1. 必須選用黃牛腿肉，口感、風味較足，去淨筋膜確保口感。
2. 炒牛肉餡不能久炒，餡心必須晾冷後才能進行包製。
3. 和麵時掌握好菠菜汁的量，麵團不可太軟或過硬。
4. 必須待製品餳發膨脹充分後，才能蒸製，否則可能產生回縮現象。
5. 煎烙時，不可過久煎製，使得餅皮發硬，表面微黃，底面酥香色黃即可。

# 098

# 三絲春捲

風味 · 特點│皮色米白有勁，餡鮮脆爽宜人

**原料：（20 人份）**

中筋麵粉 500 克，清水 400 克，胡蘿蔔絲 200 克，三月瓜絲 100 克，小黃瓜絲 300 克，川鹽 2 克，醬油 15 克，保寧醋 5 克，紅油辣椒 15 克（見 146），白糖 3 克

**做法：**

1. 麵粉中加入川鹽 2 克、清水和勻成爬子麵，用手不斷地攪動直至筋力增強，提起不黏在手上為止，靜置餳約 20 分鐘。

2. 用雲板鍋置小火上燒熱，微微抹一點油，手提麵坨攤在鍋上抹一轉，提起麵坨，麵皮烘乾即成春捲麵皮，直至全部攤完。

3. 將醬油、保寧醋、紅油辣椒 15 克、白糖混和均勻成蘸水，備用。

4. 麵皮 1/3 處放上適量胡蘿蔔絲、三月瓜絲、小黃瓜絲，由內向外捲裹成卷，即成春捲。

5. 食用時，沾上做法 3 的蘸水食用。

**[ 大師訣竅 ]**

1. 子麵要多攪拌，必須同方向才好把筋力攪提出來。

2. 攤皮的鍋內不能留有油蹟。

3. 攤春捲皮的火力需用小火，火候要均勻。

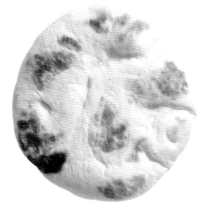

成都市金絲街的邱二哥是少數堅持手工製作老成都傳統白麵鍋魁工藝及風味的師傅。

遂寧著名的芥末春捲有著獨特的風情，拿了就直接往嘴裡塞，雖然「沖」的讓人鼻涕眼淚直流，那獨特滋味可是連小學生抵擋不住。

## 🌸 099

# 老成都白麵鍋盔

風味・特點｜ 皮白鬆泡，清香回甜，綿韌嚼勁

**原料：〔10 人份〕**

中筋麵粉 500 克，老發麵 50 克（見 137），清水 200 克，化豬油 35 克，小蘇打 4 克

**做法：**

1. 先用 20 克水溶化小蘇打成小蘇打水。麵粉置案板上，中間刨一個窩，加入老發麵、清水 180 克調勻揉成發麵團，蓋上濕紗布巾發酵約 2 小時。

2. 在案板上揣開發麵，加入小蘇打水揉勻成正城發麵，靜置餳 15 分鐘。

3. 取 70 克發麵揉入化豬油成油酥麵，分成 10 份備用。

4. 將發麵搓條，扯成 10 個麵劑，分別包入 1 份油酥麵，用手壓扁，擀成直徑約 12 公分、厚約 1 公分的圓餅坯。

5. 將鍋盔坯放在鏊子鍋上烙至表面發白微黃，翻面再烙至餅坯發硬起芝麻點（也稱鍋巴點）能立起時，放入爐膛內烘烤，烘烤約 1~2 分鐘後翻面，當餅鼓脹、鬆泡取出即成。

**[ 大師訣竅 ]**

1. 此鍋盔需用剛發酵的子發麵製作，不能發得太漲，口感才綿韌有嚼勁。

2. 包油酥麵不能包得太漲太多，宜少。

3. 烙餅的火力要均勻分散，避免焦煳。

**🌸 100**

# 彭州軍屯鍋盔

風味‧特點｜色澤金黃，外酥起層，鹹鮮香麻，爽口宜人

**原料：（10 人份）**

中筋麵粉 560 克，老發麵 100 克，清水 200 克，雞蛋 2 個，豬肉 250 克，雞蛋清 3 個，化豬油 135 克，蔥 75 克，生薑末 35 克，五香粉 1.5 克，胡椒粉 3 克，川鹽 6 克，花椒粉 5 克，白芝麻 3 克，菜籽油 125 克，小蘇打 3 克

**做法：**

1. 麵粉 500 克加入清水與老發麵揉勻成麵團，靜置發酵約 30 分鐘後，加入小蘇打揉勻成正城發麵，待用。

2. 將化豬油 60 克、雞蛋 2 個、麵粉 60 克調勻製成油酥（俗稱雞蛋酥麵團）。

3. 豬肉剁細加入切細的蔥，與生薑末、五香粉、胡椒粉、川鹽、花椒粉拌勻成餡。

4. 將發麵揉光滑搓成條，扯成 10 個麵劑，略擀成長形後用手與另一手擀麵棍配合，將麵劑摔打成薄條狀。

5. 在薄條狀麵劑上抹一層油酥及一層肉餡，由外而內裹成圓筒狀，豎起後沾上白芝麻壓扁，再擀成圓餅狀即成餅坯。

6. 將鍋盔餅坯放在鏊子上（鐵製平底鍋），放入菜籽油用中火煎烙至兩面微黃，再夾入爐膛內烘烤約 2 分鐘，至表面色呈金黃、酥脆後出爐即成。

[ 大師訣竅 ]

1. 此發麵不宜發酵得過老,宜采用剛剛發酵有微酸味的子發麵。

2. 油酥不能調和得過乾,不利於塗抹。

3. 裹卷圓筒沾芝麻後,應豎立按扁,成品的起酥面才會正確。

4. 煎烙的火力不宜過大,過大容易外焦內生,火力平穩均勻較為適宜。

軍屯鍋盔獨特的甩麵片功夫,加上發出響亮的啪啪聲,常引人駐足觀看,看著看著嘴就饞了!

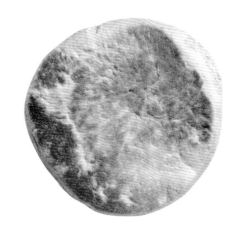

 **101**

# 混糖鍋盔

風味・特點│ 綿軟適口,甜爽宜人,底色棕紅

**原料:(10 人份)**

中筋麵粉 500 克,老發麵 100 克(見 137),清水 00 克,45℃溫熱水 150 克,剁細紅糖 120 克,熟菜籽油 15 克,小蘇打 4 克

**做法:**

1. 將麵粉 300 克加入溫熱水,揉勻成子麵;其餘麵粉加入老發麵、清水揉勻成發麵,發酵約 2 小時。

2. 將子麵及發麵加入切細紅糖揉和在一起,再撒入小蘇打反復揉勻成紅糖子發麵。

3. 將紅糖子發麵搓成條,扯成 10 個麵劑,逐個將麵劑反復揉勻揉光滑。

4. 再搓成圓砣,用手按扁,擀成直徑約 12 公分,厚 1 公分的圓鍋盔餅坯。

5. 鏊子鍋燒熱,刷少許熟菜籽油,放上鍋盔餅坯,兩面烙成三成熟,表面起鍋巴點色黃時,放入爐膛內烘烤成熟即成。

[ 大師訣竅 ]

1. 子發麵要用力反復揉製,越均勻越好,口感越是宜人。

2. 紅糖也可事先用一部份要摻入麵粉的清水溶化後再加入麵團中。

3. 烙製的火候應分佈均勻,不宜火力過猛,容易燒焦。

185

## 🏵 102

# 白麵鍋盔

風味 · 特點 |
色白柔軟，空心起層，可夾各種涼拌菜、滷肉等食用

**原料：（10 人份）**

中筋麵粉 500 克，老發麵 50 克（見 137），沸水 60 克，
清水 160 克，小蘇打 2 克

**做法：**

1. 取中筋麵粉 100 克中加入沸水燙成燙麵，揉勻晾冷。

2. 另 400 克中筋麵粉，加入老發麵、清水和勻，揉製成
發麵。靜置發酵 30 分鐘後，加入燙麵揉和均勻，再撒
入小蘇打反復揉勻成正城麵團，搓成長條，扯成 10 個
麵劑。

3. 將麵劑用手反復揉製，搓成圓坨形按扁，用擀麵杖從
中間擀成四周略厚，中間略薄，直徑約 12 公分，厚度
約 1 公分的鍋盔坯。

4. 將餅坯放入燒熱的鏊子鍋上烙至發白發硬，翻面再烙，
然後夾入爐膛內烘烤成熟即成。

**[ 大師訣竅 ]**

1. 麵粉燙製時不能過軟。

2. 發麵不宜過於膨脹，稍稍發酵即可扎碱。

3. 擀製餅坯時，擀麵杖的一頭不出餅邊，即能擀成中間
微薄四周略厚的餅形。

成都市著名老店「盤飧市」的「滷肉夾鍋盔」
是歷久不衰的熱賣小吃。

創新自白麵鍋盔的全麥鍋盔，麥香更濃，突出
空心起層效果，包夾餡料更方便。

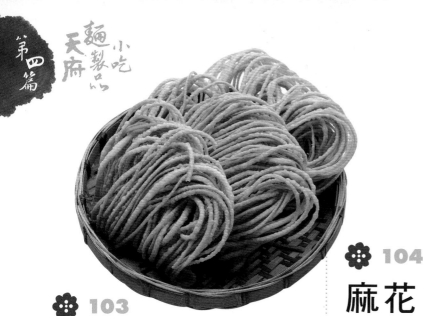

## 🌸 103

# 馓子

風味・特點｜
色澤金黃，酥脆鹹香，呈扁形絲狀

**原料：（10 人份）**

中筋麵粉 500 克，清水 300 克，川鹽 5 克，白礬 10 克，小蘇打 7 克，菜籽油 1500 克（約耗 100 克）

**做法：**

1. 將白礬、川鹽、小蘇打加清水溶化後，倒入麵粉中和勻，反復揉成表面光潔的麵團。

2. 將麵團抹上油，搓成筷子粗的長條，盤入深盆內，靜置餳 30 分鐘。

3. 鍋內放菜籽油燒至七成熱，一手捏起麵條頭繞在手指上，邊繞邊拉至 8~10 圈時，掐斷麵條，捏實結頭，另一手插入將其拉長。

4. 再用竹筷穿上兩端拉長至 35 公分左右，入油鍋中先炸兩頭，炸中間時要迅速折疊，接著炸成均勻金黃色撈出即成。

**[ 大師訣竅 ]**

1. 和麵的用水量要掌握正確。

2. 鹽、碱、礬必須要溶化後，才能和入麵粉中。

3. 麵團要揉勻餳好，才不容易斷裂。

4. 用手指拉長或筷子拉長炸製時，用力要均勻不能用力過猛。

5. 若是纏繞拉伸、炸製技巧不熟時，圈數可先繞少一些，如 5~6 圈。

## 🌸 104

# 麻花

風味・特點｜ 色澤金黃，酥脆化渣

**原料：（10 人份）**

中筋麵粉 500 克，清水 250 克，切細紅糖 100 克，小蘇打 4 克，熟菜籽油 2000 克（約耗 100 克）

**做法：**

1. 麵粉入盆中加清水、小蘇打、切細紅糖、和熟菜籽油 50 克和勻，反複揉成麵團，靜置餳 10 分鐘。

2. 將麵團分成 10 個麵劑，抹上熟菜籽油，搓成長約 10 公分的圓條，並排在案板上，蓋上在紗布靜置 20 分鐘。

3. 取麵劑 1 根，案板上抹少許油，用雙手將麵劑搓成約 60 公分長的麵條，再將麵條向相反方向搓條，合攏兩頭，用手拎起，使其自然絞成麻繩狀，再用兩手向相反方向搓長，兩頭往中間折疊，將兩頭插入兩端孔中，再兩手一內一外輕搓使其扭轉一圈，即成生坯。

4. 鍋內放熟菜籽油燒至七成熱時，放入麻花生坯炸至浮面，用筷子翻動炸至金黃色時撈出，瀝油，即成。

**[ 大師訣竅 ]**

1. 麵團不能過軟，要反復揉勻。

2. 搓條要均勻，成品才勻稱美觀。

3. 炸製的油溫不能過低，產生浸油的狀況。

## 105

# 油條

風味 · 特點 |
色澤金黃，皮酥脆，內空軟鬆泡，爽口不膩

**原料：（10 人份）**

中筋麵粉 500 克，清水 300 克，白礬 6.5 克，小蘇打 7 克，川鹽 9 克，熟菜籽油 2000 克（約耗 100 克），撲粉少量（中筋麵粉）

**做法：**

1. 白礬碾細放入清水中，加入小蘇打攪勻，再放入川鹽攪勻，待水面起氣泡時放入麵粉和轉，反復揉至麵團表面光潔，搓成粗條後用濕紗布蓋上，靜置餳 30 分鐘。

2. 右手捏住餳好的麵頭，左手托住麵條中部，雙手配合，抖動伸拉，將麵條拉成寬約 9 公分寬，1.5 公分厚的長條後，至於案板上，撒上少量撲粉。

3. 用刀直切成 3 公分寬，長約 9 公分的條。再將兩根麵條劑子重疊，用竹筷順在麵劑子中間按一下，

4. 鍋置旺火上，放入熟菜籽油燒至七八成熱時，兩手捏住麵條劑子兩端伸拉至 35~40 公分長，放入油鍋中炸製。

5. 待油條浮面，用竹筷撥動中部並夾直，炸至色金黃酥泡出鍋，滴盡浮油即成。

**[ 大師訣竅 ]**

1. 麵要充分揉製，麵要餳好，出條時撲粉不宜撒得過多。

2. 兩手伸拉麵條時，寬窄厚薄要一致。

3. 掌握好油溫，大約在 220℃時下油條較為適宜。

4. 炸製時，要用竹筷不斷地夾直，否則成品歪扭。持續撥動翻面，也使其受熱均勻顏色一致。

## 106

# 蛋酥穿卷

風味 · 特點 |
色澤金黃，香甜酥脆，爽口宜人

**原料：（10 人份）**

中筋麵粉 500 克，清水 100 克，雞蛋 3 個，白糖 150 克，化豬油 25 克，熟菜籽油 1500 克（約耗 100 克）

**做法：**

1. 將白糖下入雞蛋液中融化攪勻，麵粉放在案板上，刨一個坑，放入攪勻的雞蛋液和勻，再加入化豬油和清水揉成雞蛋麵團，靜置餳 20 分鐘。

2. 將靜置餳好的麵團擀成 0.3 公分厚的長方形麵片，用刀切成 2.5 公分寬、10 公分長的麵條。

3. 用刀在每一麵條中間劃一刀，再將麵條一端從中間劃口穿過，整理成麻花狀成生坯條。

4. 鍋內放熟菜籽油燒至六成熱，放入生坯條炸至呈金黃色撈出即成。

**[ 大師訣竅 ]**

1. 一定要先將雞蛋液和白糖攪製溶化後，再和入麵粉，麵團質地才均勻。

2. 餳麵需用濕紗布蓋上，避免麵團表面風乾。

3. 穿麵條應對稱均勻，也可製成雙層或雙色，穿卷效果更佳。

4. 炸製的油溫應控製好，不可過低或太高。

 107

# 成都龍抄手

風味．特點｜皮薄如紙，細嫩可口，湯味鮮美

**原料：（10 人份）**

精製高筋麵粉 500 克，清水 170g，豬腿瘦肉 500 克，清水 450 克，淨老母雞半只（約 1000 克），肘子 750 克，豬棒子骨 200 克，豬蹄 500 克，清水 15 公斤，雞蛋 2 個、薑汁 25 克，川鹽 15 克，生薑 50 克，蔥結 50 克，胡椒粉 5 克，撲粉適量（太白粉）

**做法：**

1. 麵粉中加入 1 個雞蛋、清水和勻，用手揉搓，再用拳頭擂壓成硬子麵，用濕紗布蓋上靜置餳 15 分鐘。

2. 麵團餳好後，用擀麵杖推擀，反復推壓幾遍後，擀成極薄的麵皮，來回折疊成幾層麵皮後，用刀切成約 7.5 公分見方的抄手皮待用。

3. 將淨老母雞、肘子、豬棒子骨、豬蹄清洗淨後，放入湯鍋內摻清水 15 公斤，旺火燒沸後撇去浮沫。

4. 接著加生薑（拍破）、蔥結，先用旺火燒製 2 小時，後改用小火燉 2 小時成色白味濃的原湯。

5. 將豬腿瘦肉洗淨後，用絞肉機絞成細茸狀，下入盆內，加薑片、胡椒粉、1 個雞蛋清及清水 450 克，反複攪拌至看不見水，呈飽和狀的肉茸糊，即成抄手餡。

6. 取抄手皮一張，置左手掌上，右手用竹片挑餡於皮中心，包成菱形即成生坯。

7. 將抄手入沸水鍋煮熟，每個碗內放入少許川鹽、胡椒粉、化豬油，將原湯灌入碗內，再將煮熟抄手舀進原湯碗內即成。

**[ 大師訣竅 ]**

1. 和麵不能過軟，掌握好吃水量，寧可先略少，再分次加少許水調整。

2. 擀製抄手皮時，撲粉一定要抖均勻，避免黏連。

3. 原湯一定要熬至色白，血污要除淨，可在熬湯前另用沸水除去雞、肘、蹄、棒子骨的血泡汗沫。

4. 抄手的餡心必須選用淨腿瘦肉為宜，應儘量絞細茸，以保證吃水量，達到細嫩可口的程度。

5. 抄手的餡心也可放少許的醬油、香油，但切忌過多，攪拌餡時也可將清水換成冷鮮湯攪製，要順著一個方向攪打，冷湯水應分幾次加入，切不可一次性倒入。

成都市的夜是越夜越美麗！

## 🌸 109
# 翡翠鮮魚抄手

風味 · 特點｜ 皮綠似翡翠，餡心鮮嫩，湯清鮮美

**原料：（10 人份）**

精製高筋麵粉 500 克，菠菜汁 120 克，鯰魚肉（去皮、刺、骨）500 克，雞蛋清 5 個，清水 350 克，薑汁 25 克，料酒 10 克，川鹽 10 克，胡椒粉 5 克，太白粉 150 克，清湯 850 克（見 148），化豬油 25 克

**做法：**

1. 將菠菜汁和 2 個蛋清同麵粉揉和均勻，成綠色硬子麵，用濕紗布蓋上，靜置餳約 15 分鐘，用大擀麵杖擀成極薄的抄手皮待用。

2. 鯰魚肉去淨皮、刺、骨，用刀背捶茸（也可絞茸），加入 3 個雞蛋清、太白粉攪攪勻，清水分數次加入，攪打成魚茸餡。

3. 用抄手皮包餡，包折成抄手生坯，入沸水鍋煮製。

4. 碗內放胡椒粉、川鹽、清湯，將煮熟的抄手舀入碗內即成。

**[ 大師訣竅 ]**

1. 魚肉的皮、刺、骨務必去淨，以免影響食用。亦可選用其他魚類，但必須是刺少的魚類。

2. 適當加入化豬油或肥膘肉可使魚肉餡油潤細嫩，但不可多加，會發膩。

3. 擀抄手麵皮時應使用太白粉作為撲粉，一般用紗布包住太白粉再撲撒的效果較佳。

4. 煮製時間要掌握好，不可久煮，一來皮軟爛，二來抄手皮沒麵香。

## 🌸 108
# 清湯抄手

風味 · 特點｜
清淡可口，皮薄餡嫩，鹹鮮宜人

**原料：（5 人份）**

抄手皮 500 克（見 145），豬肉抄手餡心 500 克（見 150），清湯 750 克（見 148），川鹽 5 克，醬油 50 克，胡椒粉 0.5 克，芽菜末 35 克，蔥白花 15 克，白芝麻油 10 克，化豬油 35 克

**做法：**

1. 取抄手皮一張，置左手掌上，右手用竹片挑餡於皮中心，包成菱形即成抄手生坯。

2. 鍋中下入清水，大火燒沸後轉中小火，保持微沸，將抄手生坯下入煮熟。

3. 碗內放入川鹽、醬油、芝麻油、化豬油、芽菜末、胡椒粉、蔥白花，再注入清湯。將煮熟的抄手舀入碗內即成。

**[ 大師訣竅 ]**

1. 調味要注意不可放得過鹹，並掌握好醬油的用量，顏色不能過深，才不會失去清淡鹹鮮的清湯特色。

2. 煮抄手時應沸水下鍋，推轉，燒沸後要點清水控制在微沸狀態，不可用猛火滾製，抄手的皮會被沖破不成形。

## 110

# 紅油抄手

風味 · 特點｜麻辣鹹鮮味厚，餡嫩皮薄爽口

**原料：（5 人份）**

抄手皮 500 克（見 145），豬肉抄手餡 500 克（見
150），醬油 80 克，紅醬油 50 克，花椒粉 6 克，
紅油辣椒 50 克（見 146），原湯 1500 克（見
148）

**做法：**

1. 抄手皮分別包入餡心，包成菱形抄手生坯。
2. 鍋中下入清水，大火燒沸後轉中小火，保持微
   沸，將抄手生坯下入煮熟。
3. 碗內放入醬油、紅醬油、紅油辣椒、花椒粉、
   原湯，舀入煮熟的抄手即可。

**[ 大師訣竅 ]**

1. 可用少量香油提味，紅油可以口味喜好增加或
   少用紅油。
2. 花椒粉因人而異，也可酌情放蔥花和蒜泥。
3. 紅油抄手在街頭小店中多是帶湯汁的，也可只
   放少許湯汁，成為乾拌紅油抄手。

## 111

# 川西豇豆抄手

風味 · 特點｜皮滑爽口，餡臊鮮香，味微辣醇厚

**原料：（5 人份）**

抄手皮 500 克（見 145），去皮豬後腿肉 350 克，
鮮豇豆 150 克，泡豇豆 200 克，蒜泥 75 克，蔥
花 35 克，雞蛋 1 個，薑汁 15 克，料酒 15 克，
川鹽 6 克，胡椒粉 2 克，紅油辣椒 50 克，醬油
25 克，白糖 20 克，白芝麻油 10 克，冷鮮湯 100
克（見 149），熟菜籽油 50 克，花椒粉 5 克，
青紅辣椒粒各 20 克

**做法：**

1. . 鮮豇豆洗淨後切成細粒，入沸水鍋中焯一水
   後漂涼、瀝水；泡豇豆切成細粒。
2. 豬肉用刀背捶剁成細茸，加薑汁、川鹽、雞
   蛋、料酒、胡椒粉攪勻後，分數次加入冷鮮
   湯，用力攪拌成抄手餡，然後加入鮮豇豆粒。
3. 鍋內放熟菜籽油燒熱，下青紅辣椒粒、泡豇豆
   粒炒香成泡豇豆臊子。
4. 取抄手皮分別包入抄手餡，捏成抄手生坯
5. 碗中分別放入適量蒜泥、紅油辣椒、醬油、花
   椒粉、芝麻油、蔥花、白糖等底料。
6. 抄手生坯入沸水鍋內煮熟，撈入放有底料的碗
   中，澆上泡豇豆臊子即成。

**[ 大師訣竅 ]**

1. 鮮豇豆一定要切成細粒，焯水後應漂涼並擠乾
   水分，以免造成抄手餡水分過多。
2. 餡心要用勁攪拌，鮮湯要
   分數次加入，才能充分
   吸水並起勁。
3. 炒泡豇豆時不宜久
   炒，以保有爽脆口
   感。
4. 若不食辣味，可採用
   酸菜湯或清湯加炒香的
   泡豇豆。

❀ 112

# 麻婆豆腐抄手

風味・特點｜麻辣鮮嫩，皮薄餡鮮，別具風味

原料：（10 人份）

抄手皮 500 克（見 145），豆腐 500 克，豬淨瘦肉 500 克，川鹽 13 克，薑汁 20 克，料酒 15 克，辣椒粉 25 克，雞蛋 1 個，清水 320 克，馬蹄 50 克，薑末 10 克，蒜末 10 克，蒜苗花 20 克，郫縣豆瓣 25 克，豆豉 10 克，胡椒粉 5 克，花椒粉 15 克，醬油 20 克，鮮湯 250 克（見 149），太白粉水 25 克（見 059），熟菜籽油 150 克

做法：

1. 將豬肉洗淨剁成細末，取 400 克捶成豬肉茸。豆腐切成 1 公分左右的小丁，馬蹄剁碎。

2. 將豬肉茸入盆內，加料酒、胡椒粉、雞蛋液、川鹽、薑汁攪拌勻，清水分數次摻入，充分攪拌使肉茸將水完全吃進去，再加入馬蹄粒拌勻成抄手餡。

3. 炒鍋內放清水燒沸，加川鹽 3 克，將豆腐丁放入焯一水，撈出瀝水備用。

4. 淨鍋內放熟菜籽油燒熱，下肉末 100 克炒酥散，下入郫縣豆瓣（剁細）、豆豉（剁碎）、辣椒粉、薑末、蒜末炒香出色。

5. 接著摻入鮮湯，放入做法 3 豆腐丁燒入味，勾太白粉水收濃稠，放蒜苗花、花椒粉起鍋成臊。

6. 用抄手皮分別包入餡，捏成抄手生坯，入沸水鍋煮熟，撈入碗內，澆上豆腐臊子即成。

[ 大師訣竅 ]

1. 豆腐宜選內酯豆腐（盒裝嫩豆腐），口感細嫩，丁不可切得過大。

2. 豆腐臊要做到汁濃稠而不乾，食用時才能均勻巴味。

3. 抄手不宜煮製太久、過軟，撈出後需將水分瀝乾再裝碗，多餘的水分會讓豆腐臊變稀，入口的滋味就不濃。

## 🌼 113

# 新繁豆瓣抄手

風味 · 特點｜鹹鮮麻辣，皮薄餡爽，地方特色濃郁

原料：（5 人份）

抄手皮 500 克（見 145），豬肉 500 克，薑汁 35 克，馬蹄 50 克，川鹽 10 克，雞蛋 1 個，胡椒粉 5 克，郫縣豆瓣 150 克，豆豉 25 克，熟菜籽油 50 克，醬油 100 克，花椒粉 5 克，蔥花 25 克，紅油辣椒 40 克（見 146），原湯 500 克（見 149）

做法：

1. 將豬肉清洗淨，用絞肉機絞成細茸狀，入盆加川鹽、雞蛋、胡椒粉、薑汁攪勻，再分數次加入清水撣攪成飽和的糊狀，加入剁細的馬蹄粒成抄手餡。

2. 郫縣豆瓣剁細，豆豉用刀背捶茸，將豆瓣、豆豉入鍋中加熟菜籽油炒至油呈紅色，酥香起鍋，即成豆瓣醬。

3. 抄手皮分別包入餡心，包成菱形抄手生坯。

4. 將豆瓣醬、醬油、紅油辣椒、花椒粉和原湯分別放入碗內，待抄手煮熟後，舀入碗內撒上蔥花即成。

[ 大師訣竅 ]

1. 須選用豬後腿肉為宜，做好的餡心細緻不膩。

2. 撣攪抄手餡時須朝一個方向撣攪，分數次加入水才能讓肉茸充分吸收水分並產生黏性。

3. 炒豆瓣、豆豉的油溫不宜過高，避免焦糊，約四五成油溫。

4. 豆瓣、豆豉務必剁成細茸，避免成品入口有渣，影響口感。

# 114
# 炸響鈴

風味 · 特點 |
色澤金黃，皮脆餡香，爽口宜人

**原料：（10 人份）**
抄手皮 500 克（見 145），口蘑（蘑菇）50 克，去皮豬肥瘦肉 400 克，雞蛋 1 個，薑汁 20 克，川鹽 6 克，胡椒粉 5 克，醬油 10 克，蔥末 25 克，去皮馬蹄 50 克，沙拉油 1500 克（耗約 80 克）

**做法：**

1. 口蘑、馬蹄切成綠豆大的顆粒。豬肉捶茸剁細，加入薑汁、蔥末、川鹽、雞蛋液、醬油、胡椒粉攪拌均勻上勁後，再將馬蹄粒、口蘑粒加入拌勻成餡。

2. 用抄手皮包餡，做成菱形抄手生坯。

3. 淨鍋中下入沙拉油，大火燒至六成熱，轉中大火，下入抄手生坯炸至金黃、浮面即成。

**[ 大師訣竅 ]**

1. 餡要剁細，攪拌要用力，使之吸水達到飽和，不能吐水。

2. 宜用半肥半瘦的前夾肉，吃時口感才化渣。

3. 炸製時的油溫要掌握好，不可過低或太高，切忌浸油或炸烱。

4. 可搭配各種味碟一起食用，如番茄醬、芝麻醬等風味會更濃。

# 115
# 鐘水餃

風味 · 特點 |
微辣鮮香，鹹中帶甜，皮薄餡嫩，回味無窮

**原料：（10 人份）**
中筋麵粉 500 克，清水 250 克，豬腿肉 500 克，複製甜醬油 200 克（見 148），紅油辣椒 150 克（見 146），蒜泥 100 克，薑汁 30 克，花椒水 50 克（見 152），胡椒粉 0.5 克，川鹽 4 克，白芝麻油 50 克

**做法：**

1. 豬肉洗淨後去淨筋膜，用刀背捶成肉茸（也可用絞肉機），將肉茸置於盆中。

2. 加川鹽、清水 50 克至盆中，用手攪拌至水全部被肉茸吸收。

3. 再加入薑汁和花椒水、胡椒粉及複製甜醬油 50 克，攪拌均勻成水餃餡。

4. 麵粉中加入清水 200 克和勻，揉成軟子麵，靜置餳 10 分鐘。

5. 餳好的麵團搓成長條，分成約 50 個劑子，用小擀麵杖擀成中間較厚的小圓皮，分別挑入餡心，捏成半月形水餃生坯。

6. 將水餃生坯入沸水鍋內，煮至成熟分別舀入碗內，澆上複製甜醬油、紅油辣椒、芝麻油、蒜泥即成。

**[ 大師訣竅 ]**

1. 豬肉要儘量捶細茸，加清水揮攪要用力，才能充分吸收水分，讓餡心口感滋潤。

2. 和麵要注意掌握吃水量，先加入大部分的水，揉製過程中依柔軟度決定再加多少水。不可過硬或太軟。

3. 餃子須沸水下鍋，煮約 5~7 分鐘，中途應加冷水 1~2 次，使水餃皮保有扎實口感，餡心又能熟透。

4. 調味料可事先將複製甜醬油、紅油辣椒、芝麻油兌成味汁，蒜泥不宜事先下入味汁，要單獨放其效果會好些，也可撒上熟白芝麻。

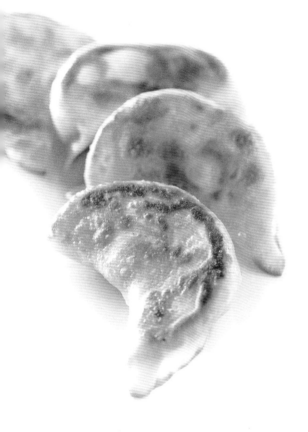

**116**

# 成都雞汁鍋貼

風味・特點｜ 餃底金黃，皮脆鮮香，餡心鮮嫩

**原料：（10 人份）**

中筋麵粉 500 克，沸水 220 克，去皮豬肥瘦肉 500 克，雞汁 150 克（見 148），薑汁 50 克，蔥汁 50 克，料酒 10 克，胡椒粉 5 克，川鹽 10 克，白芝麻油 10 克，美極鮮味汁 10 克，清水 300 克，沙拉油 100

**做法：**

1. 豬肉洗淨後剁成茸，納入盆中，加入薑汁、蔥汁、料酒、胡椒粉、川鹽拌勻。

2. 再分 2~3 次加入雞汁攪拌，直至雞汁全部被肉茸吸收，然後放入芝麻油、美極鮮味汁和勻成餡心。

3. 麵粉中加沸水燙成三生麵，揉勻放置案板上晾冷，蓋上濕紗布餳 10 分鐘，同時避免表面乾掉。

4. 然後將三生麵搓條分劑約 50 個，分別擀成餃子皮，包入餡心，捏成豆角形餃子生坯。

5. 將直徑約 35 公分的平底鍋置中火上，把 25 個餃子生坯整齊地擺放在平底鍋內淋沙拉油 25 克，再加清水 150 克，蓋上鍋蓋，並將鍋不斷地轉動，使之受熱均勻。

6. 當鍋內水分將乾時，打開鍋蓋，再加入沙拉油 25 克，蓋上鍋蓋繼續燜約 2 分鐘，至餃子底部呈金黃色即成。重複做法 5、6 至全部製熟。

**[ 大師訣竅 ]**

1. 豬肉應選豬前夾肉為宜，肉質鮮嫩。

2. 雞汁需用老母雞吊汁為佳，雞香味濃。

3. 拌餡要順著一個方向用力攪拌，拌好後入冰箱冷藏約 2~3 小時至些微凝結，更便於包製。

4. 可選用化豬油煎製，味道更香濃。

# 117
# 菠汁水餃

風味 · 特點｜
餃皮碧綠，鹹鮮清香，皮薄餡嫩

原料：（10 人份）
中筋麵粉 500 克，菠菜汁 250 克（見 146），去皮豬肥瘦肉 500 克，川鹽 7 克，胡椒粉 2 克，薑汁 20 克，清水 100 克，高級清湯 2000 克（見 149）

做法：
1. 將菠菜汁和入麵粉，揉成綠色麵團。將麵團分切成小劑約 50 個，分別擀成直徑約 7 公分的圓皮。
2. 豬肉切剁成極細的肉茸，加川鹽、薑汁、胡椒粉和清水攪拌成餃子餡。
3. 用餃子皮分別包入餡心，對折捏成半圓形餃子生坯，入沸水鍋中煮熟，撈入碗內，灌入高級清湯即成。

[ 大師訣竅 ]
1. 和菠餃麵團時，也可加入適量雞蛋清，1~2 個就夠，切忌加多。
2. 若有加雞蛋清，菠菜汁就要減少相對應的量。
3. 餡心拌製不可過鹹，攪拌要有力，是肉茸充分吸水，切忌吐水。
4. 特製清湯本身鮮味十足，碗內一般不另放鹽味。

# 118
# 香菇鴛鴦餃

風味 · 特點｜ 造型美觀，兩色分明，皮軟餡香

原料：（12 人份）
中筋麵粉 500 克，沸水 220 克，去皮豬肥瘦肉 400 克，香菇 50 克，萵筍 100 克，胡蘿蔔 20 克，料酒 10 克，川鹽 5 克，醬油 20 克，胡椒粉 3 克，白芝麻油 15 克，香蔥 25 克，化豬油 100 克

做法：
1. 豬肉洗淨後剁碎末，香菇洗淨後切粒。胡蘿蔔、萵筍洗淨去皮切成細末。
2. 炒鍋內放化豬油燒熱，下肉末炒散籽，加料酒、川鹽、醬油炒香上色起鍋，再加入香菇、胡椒粉、芝麻油、香蔥拌勻成餡。
3. 麵粉中沖入沸水燙成三生麵，揉勻成團，切成小塊晾涼後，再次揉製成光滑的麵團。
4. 麵團搓成長條，分成小劑約 50 個，按扁，分別擀成直徑約 7 公分圓皮。
5. 挑入餡心於皮中間，用手對折捏成有兩個孔的餃子生坯，分別將萵筍末、胡蘿蔔末裝入孔內抹平，上籠用旺火蒸 5~6 分鐘至熟即成。

[ 大師訣竅 ]
1. 肉餡炒散籽即可，不必久炒。
2. 燙麵不能燙得過軟，會影響成型。
3. 燙麵內可適當加點化豬油，口感更滋潤。
4. 捏鴛鴦餃的兩個孔必須要大小一致才美觀。
5. 蒸製的時間不能太長，避免餃子皮發硬。

 119

# 鮮肉雞冠餃

風味 · 特點│餃皮柔軟滋潤，餡心鮮香可口

四川盛產竹子，有著各式各樣竹製的器具。圖為傳統的竹木
器具舖子。

**原料：（10 人份）**

中筋麵粉 500 克，沸水 250 克，去皮豬肥瘦肉 400 克，水發玉蘭片 50 克，宜賓芽菜 50 克，料酒 10 克，川鹽 5 克，胡椒粉 5 克，醬油 20 克，甜麵醬 20 克，化豬油 100 克，蔥花 50 克

**做法：**

1. 芽菜洗淨切細，水發玉蘭片切粒用沸水焯一水撈出。

2. 豬肉洗淨剁細，入鍋加化豬油炒散籽，放入料酒、川鹽、醬油、甜麵醬炒香上色起鍋。

3. 炒好的豬肉碎放入玉蘭片粒、芽菜末、胡椒粉、蔥花拌勻成餡。

4. 麵粉入盆，沖入沸水燙成三生麵，趁熱揉團後切條狀晾涼後，再揉合成團並揉勻。

5. 麵團搓成條，扯成小麵劑 30 個，分別擀成餃子皮，包入餡心，對折捏成月牙形，在餃子皮邊緣用手指捏出皺褶成雞冠形餃子生坯。

6. 鍋內清水燒沸，將蒸餃入籠鍋蒸約 3 分鐘至熟即成。

**[ 大師訣竅 ]**

1. 豬肉宜選用肥多瘦少的帶皮裡脊肉，做餡料要去皮。

2. 炒餡不宜炒得過乾，餡心要晾冷後才可包捏成形。

3. 燙麵粉時需用沸水燙製，注意掌握好用水量，不能太軟，以免影響餃子的形態。

4. 蒸製的時間要控製好，不宜久蒸，久蒸會發硬。

 120

# 花邊碧玉餃

風味 · 特點 |
餃色如碧玉，味鹹鮮可口

**原料：（10 人份）**

澄麵 400 克，沸水 280 克，青豌豆 350 克，鮮蝦仁 50 克，川鹽 5 克，胡椒粉 3 克，化豬油 35 克

**做法：**

1. 青豌豆洗淨後加清水煮熟，瀝水後絞茸成豌豆泥。蝦仁洗淨、剁細，加川鹽、胡椒粉、化豬油拌勻後，加入豌豆泥拌勻成綠色豆茸蝦餡。

2. 澄麵入盆，沖入沸水燙成粉團，揉勻後搓條分劑約 30 個，分別擀成直徑 7 公分圓皮。

3. 挑入豆茸蝦餡，對折包成半月形，用花鉗在餃子邊緣鉗成紋路，籠中刷油，放入餃子生坯，用旺火蒸約 4 分鐘至熟即成

**[ 大師訣竅 ]**

1. 選用新鮮青豌豆或青豆煮製時可放一點點小蘇打，更快煮炪。

2. 青豌豆煮熟撈出後需馬上用清涼水漂冷保色。

3. 蝦仁必須挑去沙線，避免有腥異味。

3. 餡心的味道不能過鹹，可放一點白糖讓滋味變柔和。

4. 蒸製的時間不可過長，3~4 分鐘即可。

 121

# 川北菠汁蒸餃

風味・特點｜餃子皮淺綠色，餡心鮮嫩爽口

**原料：（10 人份）**

中筋麵粉 500 克，菠菜汁 280 克（見 146），去皮豬肥瘦肉 500 克，馬蹄 100 克，料酒 10 克，川鹽 6 克，醬油 10 克，胡椒粉 5 克，化豬油 50 克，白芝麻油 10 克

**做法：**

1. 將菠菜汁燒沸，沖入麵粉中攪勻成綠色三生麵，攤開晾涼，揉勻，分成劑子，分別擀成餃子皮待用。
2. 馬蹄去皮洗淨後剁成米粒狀，豬肉剁碎入鍋加化豬油以中火炒散籽。
3. 加料酒、川鹽、醬油、白芝麻油炒香上色起鍋，加胡椒粉、馬蹄粒拌勻成餡。
4. 用餃子皮包入餡心，捏成豆莢形狀，上籠蒸約 6 分鐘至熟裝盤即成。

**[ 大師訣竅 ]**

1. 煮菠菜汁時可加 1 克小蘇打粉保色。
2. 燙麵的水必須燒沸，不可燙製過軟，成形才俐落。
3. 餡心必須晾冷後包製，入冰箱冷藏 2~3 小時效果最好。
4. 掌握好蒸製的時間，不能久蒸。
5. 此蒸餃也可選擇用生菠菜汁和成軟子麵製作成蒸餃，口感風格不同。

 122

**原料：（10 人份）**

中筋麵粉 500 克，清水 120 克，化豬油 200 克，雞脯肉 200 克，冬筍 75 克，料酒 5 克，川鹽 6 克，雞蛋清 1 個，太白粉 20 克，胡椒粉 3 克，蔥白花 25 克，沙拉油 1500 克（耗約 100 克）

**做法：**

1. 麵粉 300 克加清水、化豬油 50 克揉勻成油水麵。
2. 另 200 克麵粉加化豬油 100 克揉勻成油酥麵。
3. 油水麵分別扯成小劑 20 個，包入同樣扯成小劑的油酥麵，按扁擀成牛舌形狀，卷攏後再擀開，折疊成三層，擀成餃子皮待用。
4. 雞脯肉切成小指甲片，冬筍也切成同樣大小的片。
5. 將雞肉片用料酒、川鹽、蛋清、太白粉碼勻，入放有化豬油 50 克的鍋內滑熟起鍋，加冬筍、胡椒粉、蔥白花拌勻成餡。
6. 用餃子皮包入餡心，捏成半圓形，鎖好花邊入四成熱油鍋內以中火炸製成熟即成。

**[ 大師訣竅 ]**

1. 和油水麵時一定要多揉製，油酥麵要用手掌推擦勻至不黏手、不黏案板為止。
2. 油水麵的劑子比油酥麵的劑子要略大些，包製時要包嚴實不能漏酥，擀酥時用力要均勻，成品才勻稱。
3. 製雞肉餡時要注意保持雞肉的鮮嫩度。
4. 掌握好炸製的油溫火候，炸此餃用四到五成熱的油溫較為合適，以中火為宜。
5. 也可選用化豬油炸製，口感效果會更佳。

# 川東酥皮雞餃

風味 · 特點｜ 色澤淺黃，皮酥香化渣，餡鮮嫩爽口

 **123**

# 口蘑白菜餃

風味 · 特點│ 造型逼真，美觀大方，鹹鮮適口

原料：（10 人份）

澄麵 400 克，沸水 220 克，菠菜汁 100 克（見 146），熟豬肥膘肉 200 克，熟雞肉 200 克，熟火腿 50 克，口蘑（蘑菇）50 克，蔥花 35 克，川鹽 8 克，胡椒粉 5 克，白芝麻油 10 克

做法：

1. 澄麵取 280 克用沸水燙熟揉勻成燙麵團；另 120 克用燒沸的菠菜汁，燙成綠色燙麵團。

2. 將熟豬肥膘肉、熟雞肉、火腿、口蘑分別剁細，加入川鹽、胡椒粉、芝麻油、蔥花拌勻成餡。

3. 白色燙麵團搓成粗條，將綠色燙麵團按扁，包入白色燙麵粗條後搓條，分成約 30 個劑子，再按扁擀成圓皮，成為邊緣綠色，中間白色的餃子皮。

4. 餃子皮中心放入餡料，用手捏攏成四角，把四角捏成白菜葉形狀即成餃子生坯，入籠蒸約 3 分鐘至熟即成。

[ 大師訣竅 ]

1. 綠色粉團要掌握好顏色的深淺，可用菠菜汁的濃度來調節。

2. 麵粉不能燙得過軟或過生，影響成品的外觀、質感。

3. 包製時餡心不能露出，蒸製時外皮可能會散開不成形。

4. 掌握好蒸製的時間，不可過長。

 124

# 蓮茸金魚餃

風味 · 特點｜形象逼真，色澤自然，香甜可口

原料：（10 人份）

澄麵 400 克，沸水 300 克，白蓮茸 150 克，熟鴨蛋黃 120 克（約 4 個），黑芝麻 60 粒

做法：

1. 白蓮茸加入熟鴨蛋黃 110 克揉勻成黃橙色蓮茸餡，分成 30 份，分別搓圓備用。

2. 將沸水沖入澄麵中燙製攪拌成粉團，取 20 克粉團揉進 10 克的鴨蛋黃成橙紅粉團。

3. 其餘粉團搓條分成約 30 小劑子，分別擀成直徑約 8 公分的圓餃子皮待用。

4. 用餃子皮包入一顆黃橙色蓮茸餡心，捏成魚身，取適量的橙紅粉團搓成兩個小圓球並壓上一顆黑芝麻後，壓在魚頭兩側適當位置作魚眼。

5. 接著用木梳壓出魚尾紋，再用剪刀剪出金魚尾巴的形狀。

6. 一一完成後擺入蒸籠，大火蒸約 4 分鐘至熟取出，即成。

[ 大師訣竅 ]

1. 澄粉需用沸水燙熟，粉團要緊實，過軟時蒸好的成品形狀不鮮活，甚至炕軟不成形。

2. 白蓮茸需同鴨蛋黃揉勻，揉成圓球餡心，便於包捏成形。鴨蛋黃應選用紅心蛋黃為佳。

3. 金魚的造型手法多樣，力求美觀、簡潔、自然，儘量不使用人工合成的色素。

## 🌸 126

**原料：（10 人份）**

中筋麵粉 500 克，清水 400 克，去皮豬肥瘦肉 350 克，冬菜 200 克，料酒 10 克，川鹽 2 克，醬油 20 克，胡椒粉 5 克，白芝麻油 20 克，蔥花 25 克，化豬油 100 克，沙拉油 1500 克（耗約 150 克）

**做法：**

1. 鍋內將清水燒沸後，徐徐倒入麵粉，用擀麵棍快速攪拌成團，倒入案板上攤開或切小塊晾冷後再揉成團。
2. 將涼麵團加入化豬油 50 克揉勻，搓條扯劑子約 30 個，按扁，分別擀成直徑約 8.5 公分圓皮待用。
3. 冬菜清洗乾淨，剁成細粒；豬肥瘦肉剁成細粒，入鍋中加化豬油 50 克以中火炒散籽。
4. 再放料酒、川鹽、醬油、胡椒粉、冬菜末炒香起鍋，放芝麻油、蔥花拌勻成冬菜肉餡。
5. 用餃子皮分別包入餡心，對折捏成半月形，用手指鎖上繩邊成酥餃生坯。
6. 鍋內放沙拉油大火燒至七成熱，逐個下入餃子後轉中大火炸製，呈金黃色、皮酥時撈出即成。

**[ 大師訣竅 ]**

1. 燙麵須燙熟，攪動要利索快捷，質地才均勻。
2. 晾冷後要反復揉勻，化豬油分次加入燙麵內才能被完全吸收。
3. 餡心不可放鹽過多，因冬菜本身也有鹽分。
4. 炸製時的油溫要控制好，油溫太高容易外皮焦黑或是顏色剛好內餡夾生，過低則外皮顏色蒼白且含油量過多。

## 🌸 125

# 鮮蝦白玉餃

風味 • 特點｜造型美觀，色白餡嫩

**原料：（10 人份）**

澄麵 500 克，太白粉 40 克，沸水 350 克，鳳尾蝦 30 隻（約 450 克），豬肥膘肉 150 克，冬筍尖 50 克，薑汁 15 克，蔥汁 25 克，料酒 5 克，川鹽 6 克，雞精 2 克，白芝麻油 5 克，胡椒粉 2 克

**做法：**

1. 澄麵中加入太白粉和勻，沖入沸水燙熟，揉勻成團，攤開晾置約 10 分鐘至涼，再揉成團，搓條扯成小劑 30 個，擀成（或壓成）餃子皮待用。
2. 鳳尾蝦剝去殼取肉，挑去蝦線，將蝦尾取下留用。
3. 蝦肉剁碎，豬肥膘肉切細粒，冬筍尖切細粒，將蝦肉碎、肥膘粒入盆中，加料酒、薑蔥汁、川鹽、胡椒粉、雞精攪拌均勻，再加入冬筍粒、芝麻油拌勻成餡。
4. 用餃子皮分別包入蝦肉餡，先對折捏成半月形，然後捏成木魚形但不完全封口，留一小口，把蝦尾插在口中，豎直擺入蒸籠。全部完成後，以大火蒸約 3 分鐘至熟即成。

**[ 大師訣竅 ]**

1. 澄粉需用沸水燙製，吃水量不能過大，粉團軟了成形效果不佳。
2. 蝦要去淨殼、沙線，確保口感與鮮味。
3. 包形狀時應注意不要將油汁沾在餃子皮邊緣上，以免發生裂口現象。
4. 掌握好蒸製的時間，蒸約 3~4 分鐘即可。

# 冬菜酥餃

風味 · 特點 | 色澤金黃誘人，味道鹹鮮香脆爽口

# 麥邱玻璃燒賣

風味‧特點｜皮薄餡多，透明油亮，鹹鮮適口

 **127**

原料：（10 人份）

中筋麵粉 500 克，清水 150 克，雞蛋清 1 個，去皮豬肥瘦肉 1000 克，小白菜 400 克，料酒 5 克，胡椒粉 5 克，香菇油 15 克，川鹽 8 克，撲粉 50 克（太白粉）

做法：

1. 麵粉中加雞蛋清、清水揉和成硬子麵。靜置餳 15 分鐘。

2. 將餳好的麵團搓成細條，扯成 30 個小劑子，撒上太白粉拌一下，使其均勻裹上太白粉。接著用小擀麵杖擀成薄圓皮，邊子呈荷葉邊。

3. 豬肉洗淨，將肥肉入沸水鍋中煮熟晾冷。用刀切成黃豆大的顆粒，瘦肉用刀剁細。小白菜洗淨，入沸水中焯熟，入冷水中漂冷，撈出切細粒，擠乾水分。

4. 把豬肥瘦肉拌勻，加料酒、胡椒粉、川鹽、小白菜粒、香油拌勻成餡。

5. 用做法 2 的圓薄麵皮分別包入餡心，捏成白菜形狀，入籠蒸約 5 分鐘至熟即成。

[ 大師訣竅 ]

1. 和麵不能和得過軟，應掌握好吃水量。

2. 豬肉應選七成肥肉，三成瘦肉效果最佳。

3. 擀燒賣皮有幾種擀法，都要注意掌握邊子薄，中間微厚一點，呈荷葉邊形狀，成品後形狀才好。

4. 蒸製時用旺火，中間應灑水一次，避免邊子呈夾生狀，燒賣蒸製時間不宜過長，皮會發硬。

 **128**

# 三鮮梅花燒賣

風味 · 特點｜ 形似梅花，鹹鮮味美

原料：（10 人份）

高筋麵粉 400 克，熱燙開水 280 克，熟鴨蛋黃 200 克，川鹽 8 克，去皮豬肥瘦肉 500 克，熟火腿 50 克，冬筍尖 50 克，口蘑（蘑菇）50 克，熟雞肉 100 克，胡椒粉 10 克，料酒 15 克，醬油 25 克，蔥花 25 克，化豬油 100 克，白芝麻油 10 克

做法：

1. 麵粉用熱燙開水燙成三生麵，趁熱揉勻後加入熟鴨蛋黃揉成黃色的麵團。

2. 將黃麵團扯成小劑約 30 個，分別擀成直徑 7.5 公分的圓皮。

3. 豬肉剁碎，冬筍尖、口蘑、熟雞肉切成綠豆大的粒，熟火腿切細 後，取一小部分再細切成火腿末。

4. 豬肉放在炒鍋內開中火，加化豬油炒散籽，烹入料酒、川鹽、醬油炒香，加入冬筍、口蘑炒勻起鍋放入熟雞肉、熟火腿、胡椒粉、芝麻油拌勻，晾冷後加蔥花拌勻成餡料。

5. 用一張圓皮挑入餡料，抄攏收口捏成五瓣，用花鉗夾成花瓣紋，在花瓣中間放入熟火腿末上籠蒸約 3-4 分鐘至熟即成。

[ 大師訣竅 ]

1. 三生麵不可燙得過軟，蒸之後形才不會走樣。

2. 鴨蛋黃必須壓成細茸再加入麵團中揉製，才容易揉勻。

3. 擀麵皮要儘量薄，但不能擀破。

4. 餡料須晾至涼冷後，才可包製，以免出現破皮現象。

## 129
# 碧綠蝦仁燒賣

風味 · 特點│外皮碧綠，餡如白玉，鮮嫩可口

原料：（10 人份）

高筋麵粉 400 克，鮮蝦仁 300 克，熟豬肥肉 300 克，胡椒粉 5 克，料酒 10 克，川鹽 10 克，菠菜汁 150 克（見 146），雞蛋清 1 個，蛋清太白粉糊 25 克（見 060），薑汁 10 克，蔥白花 25 克，化豬油 100 克，太白粉 35 克

做法：

1. 將菠菜洗淨，用榨汁機取汁。將菠菜汁加入麵粉中，同時加雞蛋清揉和成綠色的麵團，稍靜置 10 分鐘，扯成 30 個小劑子撲上太白粉，分別擀成燒賣皮。

2. 蝦仁洗淨挑去蝦線，碼上川鹽、料酒、蛋清太白粉糊，入化豬油鍋中滑熟撈出，同熟肥肉一起切成小丁加入川鹽、胡椒粉、薑汁、蔥白花一併拌勻成餡料。

3. 用燒賣皮分別包上餡心，捏成白菜形狀，上籠蒸約 4 分鐘至熟即成。

[ 大師訣竅 ]

1. 綠色麵團須揉成硬子麵，擀製成邊子薄，中間微厚，呈荷葉邊形狀。

2. 蝦仁去淨蝦線，洗淨後要揾乾水分再上漿，否則容易脫漿。

3. 炒鍋要先炙好鍋，滑炒蝦仁時才不會黏鍋，滑的油溫不能過高，約三四成油溫即可。

4. 蒸籠要刷油避免沾黏，用旺火蒸製，中途要灑一次水，避免燒賣皮變硬。

## 130

原料：（10 人份）

燒賣皮 400 克（見 146），豬五花肉 650 克，市售蒸肉米粉 125 克，料酒 5 克，醪糟汁 20 克，豆腐乳汁 15 克，甜麵醬 20 克，紅醬油 20 克，郫縣豆瓣 35 克，白糖 20 克，花椒粉 15 克，五香粉 3 克，醬油 10 克，薑末 25 克，蔥花 35 克，複製紅油 25 克（見 147），熟菜籽油 100 克，鮮湯 50 克（見 149）

做法：

1. 將豬肉刮洗乾淨，切成 0.3 公分厚的片，入盆中加料酒、醪糟汁、豆腐乳汁、甜麵醬、紅醬油、薑末、花椒粉、白糖、醬油、郫縣豆瓣（剁細）、紅油、熟菜籽油、蔥花拌和均勻。

2. 接著加入蒸肉米粉、五香粉、鮮湯拌勻，放入蒸盤內上籠蒸約 40 分鐘至熟，取出晾冷。

3. 將晾冷的粉蒸肉剁成粒狀，將剁碎的蒸肉加蔥花拌勻成餡心。

4. 用燒賣皮逐個包入餡，捏成「白菜」形狀，入籠蒸約 3 分鐘至熟即成。

[ 大師訣竅 ]

1. 粉蒸肉的味道不能過鹹，掌握好調料的用量。

2. 鮮湯可用清水替代，但鮮味略薄。

3. 粉蒸肉一定要蒸到熟透爛軟。

4 蒸燒賣的時間不可過長，一般蒸製約 3~4 分鐘，中途灑水在皮子上面。

# 川式粉蒸肉燒賣

風味・特點 | 皮薄餡香，味道濃厚，極富地方特色

雅安城中青衣江廊橋的美麗夜景。

# 131
# 八寶糯米燒賣

風味 · 特點 | 皮薄飽滿，滋潤甜香，軟糯可口

**原料：（10 人份）**

燒賣皮 400 克（見 146），水晶甜肉 50 克（見 150），酥核桃仁 50 克，蜜冬瓜條 50 克，葡萄乾 50 克，糯米 350 克，蜜紅棗 50 克，糖綜合水果蜜餞 50 克，鮮百合 50 克，橘餅 25 克，白糖 100 克，化豬油 50 克

**做法：**

1. 糯米淘洗淨，用清水泡漲，入籠蒸約 25 分鐘全熟。綜合水果蜜餞 10 克切成細末。
2. 將蜜紅棗去核與水晶甜肉、酥核桃仁、蜜冬瓜條、葡萄乾、鮮百合、橘餅、綜合水果蜜餞 40 克均切成綠豆大的丁，入盆中同糯米飯拌勻，加入化豬油、白糖拌勻成八寶糯米餡心。
3. 取燒賣皮分別挑入餡，四角抄攏捏成「刷把頭」狀，每個燒賣中間點上些許綜合水果蜜餞末，入籠蒸約 3 分鐘至熟即成。

**[ 大師訣竅 ]**

1. 糯米要泡透、蒸熟，最少要泡 8 小時，不能過硬，宜軟一點。
2. 拌餡時應掌握好糖的用量，不可太甜。
3. 蒸製時中途應灑一次水，避免皮發硬。

# 132
# 松茸香菇包

風味 · 特點 | 成型美觀、造型逼真、口感綿軟、營養豐富

**原料：（10 人份）**

中筋麵粉 500 克，泡打粉 3 克，酵母 5 克，清水 200 克，鮮香菇 200 克，水發香菇 300 克，水發木耳 100 克，蠔油 30 克，川鹽 3 克，白糖 2 克，鮮湯 200 克（見 149），松茸醬 25 克，太白粉水 40 克，化雞油 150 克，可可粉 50 克

**做法：**

1. 先把鮮香菇、水發香菇、水發木耳，分別切成 0.2 公分的顆粒，汆一水，擠去水份。
2. 鍋內下化雞油，倒入香菇粒中火炒香，加入蠔油、川鹽、白糖、雞湯、松茸醬，煮 5 分鐘出味，下太白粉水勾芡收汁起鍋，晾冷備用。
3. 麵粉中加入清水、泡打粉、酵母，揉擂均勻成發酵麵團，靜置發酵約 1.5 小時。
4. 取 100 克發麵搓成 0.3 公分粗的長條，入籠蒸約 7 分鐘，取出晾涼後切成長約 2 公分的麵棒 30 隻，備用。
5. 取其餘發麵搓條分成 30 劑子，擀成圓片，包上炒製好的香菇餡後收口，壓扁成生坯。
6. 將生坯一一沾上一層可可粉，放在蒸籠內，再用刀片劃上斜十字刀口，靜置發酵約 30 分鐘。
7. 發酵完成後上籠蒸約 15 分鐘至熟取出，再用麵糊作黏劑沾上用發麵做好的麵棒，作為香菇把子，再上籠蒸 2 分鐘定型後，取出即成。

**[ 大師訣竅 ]**

1. 發麵須軟硬適中，包製時不偏餡，收口扎實避免漏餡。
2. 上可可粉要均勻，太厚沒自然的層次感，太薄不像。

# 133
# 家常豆芽包

風味・特點│皮薄鬆泡，鹹鮮微辣，家常風味濃郁

**原料：（10 人份）**

中筋麵粉 500 克，老發麵 50 克（見 137），清水 240 克，去皮豬肥瘦肉 350 克，黃豆芽 150 克，郫縣豆瓣 10 克，料酒 10 克，川鹽 5 克，醬油 10 克，胡椒粉 2 克，化豬油 125 克，蔥花 25 克，小蘇打適量

**做法：**

1. 將麵粉與老發麵、清水和勻成發麵，靜置發酵。

2. 豬肉洗淨後剁成細粒，豆瓣用刀剁細。黃豆芽摘洗淨，下鍋微炒後切成細粒。

3. 炒鍋內放化豬油 75 克中火燒至四成熱，下豬肉粒炒散籽，下入郫縣豆瓣炒香出色。

4. 再加入料酒、川鹽、醬油、胡椒粉炒勻，加入豆芽粒炒勻起鍋，晾冷後加入蔥花拌勻成餡心。

5. 將發酵後的麵團加入小蘇打扎成正城，揉勻後加入化豬油 50 克揉勻，扯成 20 個劑子，逐個按扁包入餡心，捏成皺褶均勻的包子生坯，入籠用旺火蒸約 8 分鐘至熟即成。

**[ 大師訣竅 ]**

1. 豬肉應選肥七瘦三的肉，成品餡心較滋潤。

2. 黃豆芽應摘去根和瓣。

3. 豆芽餡心不能久炒，散籽即可，起鍋後盡快晾涼以保持豆芽的爽口感，餡心晾冷後包製才能避免有裂口。

4. 麵發酵後才可加入小蘇打扎城，注意掌握好用量。

# 醬肉包子

風味 · 特點｜皮白泡嫩，餡鮮香鹹甜

**原料：（10 人份）**

中筋麵粉 500 克，老發麵 50 克（見 137），清水 240 克，去皮豬肥瘦肉 400 克，甜麵醬 50 克，醬油 15 克，料酒 10 克，川鹽 6 克，胡椒粉 3 克，白芝麻油 10 克，蔥白花 50 克，白糖 40 克，化豬油 100 克，小蘇打 4 克

**做法：**

1. 麵粉中加入老發麵、清水揉匀成發麵團，靜置發酵約 2 小時後，灑入小蘇打、白糖 25 克、化豬油 25 克反復揉匀，再靜置餳 15 分鐘待用。

2. 豬肥瘦肉洗淨，切成綠豆大的粒，入鍋加化豬油 75 克炒散籽，加入甜麵醬、醬油、料酒、川鹽炒香上色後起鍋。

3. 在起鍋的餡料中加入白糖 15 克、胡椒粉、白芝麻油、蔥白花拌匀成醬肉餡。

4. 將發麵團搓成條，扯成 20 個麵劑子，按扁挑入餡心，分別包捏成細皺褶包子生坯，入籠用沸水旺火蒸約 8 分鐘至熟即成。

**[ 大師訣竅 ]**

1. 發麵後小蘇打要放得適量，要依實際發酵狀態增減用量。

2. 豬肉選用肥七瘦三的前夾肉。

3. 炒餡時要炒香，甜麵醬不能炒糊，餡要晾冷後再包製。

4. 籠中必須刷油後才能放入包子生坯，避免粘連。

 **135**

# 雙味鴛鴦包

風味 · 特點｜色白泡嫩，雙味各異，別具風格

**原料：（25 人份）**

精白中筋麵粉 500 克，老發麵 50 克（見 137），清水 250 克，去皮豬肥瘦肉 250 克，宜賓芽菜 50 克，料酒 10 克，川鹽 3 克，胡椒粉 2 克，醬油 10 克，蔥白花 25 克，蜜冬瓜條 20 克，蜜桂花 2 克，熟麵粉 50 克（見 059），小顆糖漬紅櫻桃 50 顆，青色蜜餞 50 顆，白芝麻油 1 克，白糖 200 克，化豬油 150 克，小蘇打 4 克

**做法：**

1. 麵粉與老發麵、清水揉和均勻成發麵，靜置發酵約 2 小時。

2. 蜜冬瓜條切成粒與蜜桂花、化豬油 50 克、白糖、熟麵粉揉和成甜餡。

3. 豬肉洗淨剁碎，芽菜洗淨切細。鍋內放化豬油 50 克燒熱，下肉末炒散籽。

4. 接著加入料酒、川鹽、胡椒粉、醬油炒勻起鍋，加入芽菜末、蔥白花、芝麻油拌勻成鹹餡。

5. 將發酵的麵團加入小蘇打扎成正城，揉勻，加白糖 50 克、化豬油 50 克揉勻，搓成長條，扯成重約 25 克的麵劑 50 個，按扁成圓皮。

6. 在麵皮中間捏一道摺子，在摺子兩邊各裝上甜餡和鹹餡。再將麵皮邊緣捏上花紋皺褶封口。

7. 將青色蜜餞放在鹹餡包子中心，糖漬紅櫻桃放在甜餡包子中心。入籠上沸水鍋，旺火蒸約 8 分鐘至熟即成。

**[ 大師訣竅 ]**

1. 扎碱要準確，視發酵狀態增減小蘇打用量。發麵要反復揉勻。

2. 甜餡和鹹餡的份量要一致，捏形要均衡、美觀。

3. 蒸製時用旺火，中途不可斷火。

四川人晚餐後習慣到廣場、空地壩子散步休閒、跳壩壩舞，但不能缺的還是小吃，在郊縣常見這以腳為動力的棉花糖攤攤。

# 川味金鈎包子

風味・特點｜ 皮薄餡鮮，別具風味

**原料：（10 人份）**

中筋麵粉 500 克，老發麵 50 克（見 137），清水 240 克，去皮豬肥瘦肉 500 克，金鈎 20 克，料酒 15 克，川鹽 5 克，醬油 25 克，胡椒粉 5 克，白芝麻油 10 克，化豬油 150 克，白糖 25 克，小蘇打 4 克

**做法：**

1. 麵粉中加入老發麵、清水和勻揉成發麵，待發酵膨脹後加入小蘇打扎成正城。

2. 再加入白糖、化豬油 50 克反復揉均勻，用濕紗布蓋上，靜置餳約 15 分鐘待用。

3. 豬肥瘦肉洗淨，將豬肉的肥瘦分開，瘦肉剁細，肥肉則入鍋煮熟撈出，切成綠豆大的粒，金鈎用熱水泡漲，剁成細末。

4. 將豬瘦肉末同肥肉粒混合，加入金鈎末、料酒、川鹽、醬油、胡椒粉、白芝麻油、白糖及化豬油 100 克拌勻成金鈎鮮肉餡。

5. 將扎成正城的發麵搓成條，扯成均勻地 20 個麵劑子，按扁包餡，捏成皺褶收好口子，放入刷了油的蒸籠內，上沸水鍋，用旺火蒸約 10 分鐘至熟即成。

**[ 大師訣竅 ]**

1. 豬肉宜用肥六瘦四的前夾肉或帶皮裡脊肉。

2. 也可直接將豬肉剁碎後，取七成碎肉炒熟炒香，再加三成生肉。

3. 可多泡發一些金鈎安插於包子上作裝飾，但不宜加入過多金鈎到餡料中，注意掌握好鹹味度。

4. 做好包子生坯後必須馬上蒸製。

---

## 137

**原料：（10 人份）**

精製中筋麵粉 450 克，老發麵 50 克（見 137），清水 230 克，去皮豬肥瘦肉 500 克，馬蹄 50 克，濃雞汁 200 克（見 148），生薑 15 克，料酒 10 克，醬油 20 克，川鹽 3 克，胡椒粉 2 克，白芝麻油 10 克，白糖 15 克，化豬油 25 克，小蘇打 4 克

**做法：**

1. 將老發麵、白糖 10 克、化豬油用清水 220 克攪勻，加入麵粉中揉和均勻，靜置發酵約 1.5 小時。

2. 取小蘇打溶入 10 克清水成小蘇打水，再揉入發酵麵團中，反復揉勻成正城，靜置餳 15 分鐘。

3. 將豬肥瘦肉剁成細茸，馬蹄去皮剁碎，生薑剁碎裝入棉布袋中取生薑汁。

4. 將肉茸入盆，加入生薑汁後分 3~4 次加入濃雞汁反復攪拌至肉茸和雞汁完全融合。

5. 再加馬蹄粒、料酒、醬油、川鹽、白糖 5 克、胡椒粉、芝麻油拌勻成餡。

6. 將發麵搓成條，扯成 100 個小麵劑子，逐個按扁挑入餡心，包捏成花紋對稱中間留一小口的包子生坯，放入專用的小蒸籠內，用沸水旺火蒸約 8 分鐘至熟即成。

**[ 大師訣竅 ]**

1. 發麵中適當加入白糖和化豬油，能使包子皮油亮滋潤，但切忌過多加入，也可在扎碱過程中加入油、糖。

2. 扎碱以小蘇打加適量清水溶化後，再揉入麵團可以相對均勻。

3. 選半肥半瘦的豬前夾肉，餡心滋潤又不失口感。

4. 肉餡要晾冷後再進行包製。

# 痣鬍子龍眼包子

**風味・特點** | 皮鬆泡滋潤，餡鮮香味美，形如龍眼

 138

# 狀元破酥包

風味・特點 |
色白形美,皮薄泡嫩,層次分明,油潤鮮香

**原料:（10 人份）**

中筋麵粉 650 克,清水 250 克,老發麵 50 克（見
137）,去皮豬肥瘦肉 400 克,水發玉蘭片 100 克,水發
金鉤 50 克,水發香菇 50 克,料酒 10 克,川鹽 5 克,醬
油 20 克,胡椒粉 5 克,化豬油 150 克,小蘇打 4 克

**做法:**

1. 中筋麵粉 500 克加清水與老發麵和勻,蓋上溼紗布靜
   置發酵約 3 小時製成中發麵。

2. 中筋麵粉 150 克加化豬油 100 克和勻,搓差成質地均
   勻的油酥麵,分成 20 份備用。

3. 將豬肉、香菇、玉蘭片、金鉤均切成綠豆大的顆粒,
   入鍋加化豬油 50 克炒散籽,烹入料酒,加入玉蘭片及
   香菇炒勻,然後加入川鹽、醬油、胡椒粉及泡金鉤的
   水 100 克,炒至收汁亮油時起鍋,最後加入金鉤粒拌
   勻成餡。

4. 將中發麵揣開,均勻灑入小蘇打扎城後,揉勻成光滑
   麵團,靜置餳 10 分鐘。

5. 發麵團搓條扯成麵劑 20 個,逐個包入酥麵按扁,擀成
   牛舌形狀,然後裹成圓筒形狀,兩頭回折重疊為三層,
   再按扁擀成包子皮。

6. 取包子皮包入餡心,捏成「雀籠形」的生坯,入籠上
   沸水鍋,用旺火蒸約 10 分鐘至熟即成。

**[ 大師訣竅 ]**

1. 和麵時避免吃水量過多,造成麵
   團過軟。

2. 發酵程度與氣溫有著直接的關
   系,天熱時時間就要適當縮短,
   天冷時時間自然要延長一些。

3. 扎碱後必須揉勻,讓酸鹼中和效
   果均勻。

4. 包酥麵要包緊包牢,擀製時雙手
   用力要均勻。

5. 餡心要晾冷後才可包製,以免麵
   皮破裂。豬肉選用肥六瘦四,成
   品滋潤化渣。

**139**

# 鮮肉生煎包

風味 · 特點 | 皮底酥脆，味鮮香宜人

**原料：（10 人份）**

中筋麵粉 500 克，清水 200 克，老發麵 50 克（見 137），去皮豬肥瘦肉 400 克，料酒 15 克，川鹽 6 克，薑汁 15 克（見 152），醬油 15 克，胡椒粉 5 克，白芝麻油 10 克，蔥花 35 克，熟菜籽油 100 克，清水 120 克，白糖 25 克，化豬油 25 克，小蘇打 2 克

**做法：**

1. 麵粉中加入老發麵、清水揉勻，靜置發酵約 1 小時後，加入小蘇打、白糖、化豬油揉勻，搭上濕紗布靜置餳 15 分鐘待用。

2. 豬肥瘦肉洗淨剁碎，加入料酒、川鹽、薑汁、醬油、胡椒粉、白芝麻油、蔥花拌勻成餡心。

3. 將發麵團搓成條，扯成 20 個麵劑子，按扁包入餡心，捏成包子皺褶成包子生坯。

4. 平底鍋置中火上，放入熟菜籽油燒至三成熱，將包子生坯擺放在鍋內，以中小火煎至底部呈金黃色，烹入清水，加蓋燜製幾分鐘，至水分收乾即成。

**[ 大師訣竅 ]**

1. 此發麵不用發得過於膨脹，宜用子發麵。

2. 扎鹼時小蘇打要酌情增減。

3. 煎包子火力要均勻，不宜過猛。

4. 烹水量要掌握好，太多或過少都會影響成品的品質，一般約加清水 100~150 克左右即可。

## ❀ 140

# 鄉村素菜包

風味・特點｜ 皮鬆軟泡嫩，餡清香宜人

### 原料：（10 人份）

中筋麵粉 500 克，老發麵 50 克（見 137），清水 250 克，油菜心 500 克，水發木耳 50 克，豆腐乾 50 克，芽菜末 25 克，川鹽 6 克，胡椒粉 2 克，白芝麻油 10 克，花椒油 2 克，蔥花 50 克，化豬油 100 克，小蘇打 4 克

### 做法：

1. 麵粉中加入老發麵和清水 230 克和勻，反覆揉製成光滑麵團，靜置發酵 2 小時。

2. 小蘇打溶於 20 克水中，再加入發好的麵團中揉勻成正城麵團，用濕紗布蓋上靜置餳 15 分鐘。

3. 油菜心洗淨在沸水中焯一水撈出切細，豆腐乾、水發木耳洗淨剁細。

4. 將油菜心、木耳、豆腐乾放入盆內，加入芽菜末、川鹽、胡椒粉、芝麻油、花椒油、化豬油、蔥花拌勻成餡。

5. 發麵團搓成條，扯成 20 個麵劑子，按扁包入餡心，捏皺褶成包子生坯，入籠用沸水旺火蒸約 10 分鐘至熟即成。

### [ 大師訣竅 ]

1. 小蘇打用量要 按發酵程度增減，切忌過多或太少。

2. 油菜心要清洗乾淨，焯水後要擠乾水分，確保餡心不會出水。

3. 餡心以素菜原料為主油脂宜重些，入口較滋潤。味不能過鹹而發膩。

4. 也可選用其他任何蔬菜製作餡心。

原料：（10 人份）

中筋麵粉 500 克，老發麵 50 克（見 137），清水 240 克，豬五花肉 500 克，乾鹽白菜 100 克，生薑 20 克，花椒幾粒，大蔥 50 克，料酒 15 克，郫縣豆瓣 35 克，甜麵醬 20 克，川鹽 3 克，紅醬油 15 克，醬油 15 克，白糖 20 克，化豬油 150 克，小蘇打 5 克

做法：

1. 麵粉中加入老發麵、清水揉勻成發麵團，濕紗布搭蓋，靜置發酵後，加入白糖、小蘇打、化豬油 50 克揉至均勻成正城麵團，蓋上濕紗布靜置餳 15 分鐘。

2. 乾鹽白菜洗淨，用沸水泡漲，擠乾水分，切細。大蔥 25 克切蔥節，另外 25 克切蔥花，郫縣豆瓣剁細。

3. 豬肉洗淨入鍋，加清水 1000 克、生薑（拍破）、花椒、料酒 5 克煮至八成熟時撈出切成片。

4. 炒鍋置中火上，放入化豬油 100 克燒至六成熱，下肉片煸炒至吐油，烹入料酒 10 克，放郫縣豆瓣、甜麵醬、川鹽、紅醬油、醬油炒出顏色。

5. 再下入鹽白菜碎、蔥節炒勻起鍋晾冷，用刀剁成顆粒，加入蔥花拌勻成餡。

6. 將發麵搓成長條，扯成 20 個麵劑子，按扁包入餡心，捏成細皺褶包子生坯，籠內刷油，放入包子，用沸水旺火蒸約 8 分鐘至熟即成。

[ 大師訣竅 ]

1. 宜選用肥多瘦少的豬肉，以符合滋潤化渣的特點。

2. 炒餡時切忌過鹹，餡心要晾冷後再包製。

3. 乾鹽菜需泡漲，洗淨泥沙，以免影響口感。

 141

# 四川回鍋肉包

風味 · 特點 |
皮鬆泡色白，餡鮮香醇厚，滋潤化渣

### 🌸 142

# 綠豆洗沙包

風味・特點│鬆泡綿軟,香甜爽口

**原料:(10 人份)**

中筋麵粉 500 克,老發麵 50 克(見 137),清水 240 克,綠豆 250 克,白糖 100 克,紅糖 50 克,化豬油 75 克,小蘇打 4 克

**做法:**

1. 將老發麵用清水調散,同麵粉和轉揉製成發麵,發酵完成後加入小蘇打、白糖 25 克、化豬油 20 克揉至均勻,扎成正鹼發麵,用濕紗布蓋上靜置餳 15 分鐘。

2. 將綠豆洗淨,入鍋內加沸水煮至綠豆軟(開花狀)後,瀝去水分,磨成細豆泥狀。

3. 炒鍋置中火上,先下化豬油 35 克燒熱,放入綠豆泥以中小火炒製,中途不斷翻炒,並加化豬油 20 克繼續翻炒至翻沙吐油,放入紅糖、白糖 75 克炒至糖融化均勻起鍋成洗沙餡。

4. 將發麵搓成條,扯成 20 個麵劑子,按扁,包入餡心,封口向下放入刷了油的蒸籠內,用沸水旺火蒸約 15 分鐘即成。

**[ 大師訣竅 ]**

1. 發麵的小蘇打要放正確,麵團不能太軟。

2. 綠豆一定要煮至爆開花,若用細篩過濾去皮,則洗沙會更細膩。磨豆沙一定要細,口感才佳。

3. 炒豆沙要用中小火,不斷翻炒,防止巴鍋,炒烟。

4. 紅糖應先切成細末再入鍋內,糖不能過早加入,以免洗沙餡發硬。也可在洗沙餡中加入熟白芝麻會更香。

### 🌸 143

# 老麵饅頭

風味・特點│泡軟疏鬆,綿韌適口

**原料:(10 人份)**

中筋麵粉 500 克,老發麵 50 克(見 137),清水 250 克(28℃以上),小蘇打 4 克,撲粉適量(中筋麵粉)

**做法:**

1. 老發麵以清水澥散成老發麵漿,將麵粉和老發麵漿拌和均勻,揉成發麵,用濕紗布蓋著發酵約 2 小時。再加入小蘇打反復揉勻至麵團表面光滑,扎成正鹼,靜置餳 15 分鐘。

2. 案板撲上撲粉,放上餳好的發麵搓成長條,右手持刀,從左至右均勻地砍成重 50 克一個的麵劑,即饅頭生坯。

3. 放入刷了油的蒸籠內餳 15 分鐘,再用沸水旺火蒸約 16 分鐘至熟即成。

**[ 大師訣竅 ]**

1. 老發麵要先用溫水澥散,再與麵粉和勻才能均勻發酵。

2. 發麵一定要反復多揉和,達到麵團表面光滑,成品質感才扎實。

3. 搓條要粗細一致,條口向案板搓時必須撒撲粉。

4. 蒸製時,擺放的間隔距離為一手指寬即可。

## 🌸 144

# 門丁饅頭

風味‧特點｜色白髮亮，鬆泡起層，筋力強，綿韌回甜

**原料：（10 人份）**

中筋麵粉 500 克，老發麵 50 克（見 137），清水 175 克，白糖 35 克，小蘇打 3 克

**做法：**

1. 麵粉 350 克中加入老發麵和清水 150 克揉匀成發麵，靜置發酵約 2 小時。

2. 小蘇打用清水 25 克溶開成小蘇打水，發麵團攤開加入小蘇打水、白糖揉匀，扎成正鹼發麵，餳發 15 分鐘。

3. 將正鹼發麵團搓成長的圓條形，扯成 20 個麵劑子，每個麵劑撲入乾麵粉後，順著一個方向揉幾十下，期間多次撲入乾麵粉，使其吃入麵劑中且表面光滑，每個麵劑需揉（嗆）入乾麵粉總量約 7~8 克。

4. 將嗆好的麵劑搓成約 5 公分高的高樁饅頭形生坯。

5. 將饅頭生坯放在籠內，圓頂向上，靜置餳 18 分鐘，入籠用沸水旺火蒸約 15 分鐘至熟即成。

**[ 大師訣竅 ]**

1. 發麵必須揉匀，小蘇打用少許清水溶化後使用。

2. 揉劑子時要揉至表面光滑，可採用雙手各抓一個劑子，加麵粉揉至光滑均匀。

3. 成型要端正、均匀，高度不應低於 5 公分。

4. 揉成形後不宜馬上蒸製，必須靜置餳 15 分鐘以上。

## 🌸 145

**原料：（10 人份）**

中筋麵粉 500 克，酵母 4 克，泡打粉 3 克，清水 200 克，白糖 25 克，切細紅糖 120 克，熟麵粉 45 克（見 059），雨花石 10 公斤

**做法：**

1. 先把石頭洗乾淨，放入烤箱內烤至 220℃，待用。切細紅糖與熟麵粉揉合均匀成紅糖餡，分成 30 份，備用。

2. 麵粉放攪拌盆內，加入酵母、泡打粉、白糖、清水拌和，揉製成發酵麵團，靜置發酵約 2 小時。

3. 把發麵搓條分成 30 個劑子，擀成圓皮，包入紅糖餡，放入蒸籠，蓋上溼紗布巾，靜置約 1 小時，大約發酵到八成，成烤饃生坯。

4. 取出烤饃生坯放到烤箱內石頭上，將旁邊烤燙的石頭鋪在烤饃生坯上，烤 2~3 分鐘即可取出，把黏在饃上的石頭取下三分之一即成。

**[ 大師訣竅 ]**

1. 石頭直接與食物接觸，必須清洗乾淨。

2. 餡心不宜包得過多，以免溢出。

3. 在烤饃時，生坯上面必須蓋上一層烤好的高溫石頭才能均匀熟透。

4. 控制好時間，不能烤得過久，以免焦掉或麵皮發硬。

# 石頭烤饃

**風味・特點** 造型奇特，風味別緻，皮脆餡香

### 🌸 146

# 玉米饅頭

風味 · 特點 |
色澤淡黃，鬆泡柔軟，回味香甜

**原料：（10 人份）**
麵粉 300 克，玉米粉 200 克，老發麵 50 克（見 137），
清水 250 克，白糖 50 克，小蘇打 4 克

**做法：**
1. 將麵粉和玉米粉混合均勻，加入老發麵、清水揉勻，
   用濕紗布蓋上發酵約 2 小時。
2. 發酵後分多次加入小蘇打、白糖揉勻成正碱發麵，再
   靜置餳 15 分鐘，搓成條砍成 10 個麵劑。
3. 將麵劑搓成水滴狀，擺放在籠中，用沸水旺火蒸約 18
   分鐘至熟即成。

**[ 大師訣竅 ]**
1. 發麵要扎成正碱，小蘇打可取部分揉麵用的清水溶化
   後再分次揉入發麵中，扎碱效果可以更均勻。。
2. 加小蘇打後要揉成表麵光滑的麵團，砍劑子的大小要
   一致。

川點原材料的量取，早期多是一把秤解決，將
配方中的乾、濕、粉、油、水等材料統一用重
量呈現，也是標準化的一種思路。圖為青神縣
漢陽壩家傳數代，仍以傳統工藝製秤的陳師傅。

# 海棠花卷

147

風味 ‧ 特點｜
成型美觀，松泡甜美，形似海棠花

**原料：（10 人份）**
中筋麵粉 500 克，老發麵 50 克（見 137），白糖 50 克，化豬油 50 克，小蘇打 4 克，食用桃紅色素少許

**做法：**

1. 老發麵加清水調散，與麵粉揉和均勻成發麵，靜置發酵，待其發酵膨脹後加入小蘇打、白糖、化豬油揉勻，靜置餳 15 分鐘。

2. 取一半的發麵加入食用桃紅色素揉勻成粉紅色發麵。

3. 把白色麵團先擀成厚約 0.5 公分的長方形麵皮。再將紅色麵團也同樣擀成大小一致的麵皮，把紅色麵皮放在白色麵皮上，用擀麵杖擀製平整，成為 0.5 公分厚的麵皮，用刀切去麵皮四周不規則的邊子，成寬約 20 公分，長約 40 公分的長方形麵皮。

4. 將麵皮外側用手卷起向中間裏，再將內側麵皮也向中間裏並且對接住，介面處抹上清水黏牢。

5. 將介面處翻向案板面，用手將麵皮筒捏成粗細均勻的卷形長條，然後用刀切成厚 2 公分的麵劑 20 個，將麵劑刀口面向上，用竹筷夾住劑子兩邊向中間夾攏，成海棠花卷生坯，入籠用沸水旺火蒸約 12 分鐘至熟即成。

**[ 大師訣竅 ]**

1. 發麵必須揉勻，確保成品口感。

2. 染色不能過深或太紅，失去雅緻的美感。

3. 兩邊對裏成卷要對稱成形才漂亮。

4. 夾花卷時必須要用力朝中心夾，蒸製後才能成形。

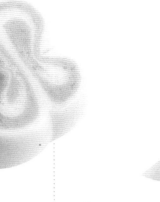

# 壽桃花卷

148

風味 ‧ 特點｜ 形似桃子，鬆軟泡嫩，筵席麵點

**原料：（10 人份）**
中筋麵粉 500 克，老發麵 50 克（見 137），清水 250 克，白糖 50 克，小蘇打 4 克

**做法：**

1. 老發麵中加入清水調散成稀漿，加入麵粉和勻，揉至光滑成發麵團，待發酵後加入小蘇打、白糖揉勻，靜置餳 15 分鐘。

2. 將發麵搓成約 4 公分粗的長條，扯成 10 個麵劑。

3. 取一麵劑搓圓按扁，擀成圓餅狀，將圓餅的邊緣切下，中間呈正方形，轉成四個角分別位於上下左右。將切下的 4 個月牙形邊緣，分成兩組，分別放在正方形的左右角處。

4. 右手持兩根筷子將左右角往中間夾緊，左手姆指和食指輔助兩邊筷子往中間捏攏至斷，即成 2 個壽桃花卷生坯。其他麵劑依同方法完成壽桃花卷生坯。

5. 將生坯放入籠內，用沸水旺火蒸約 12 分鐘即成。

**[ 大師訣竅 ]**

1. 發麵扎鹼要正確，成品才不會內縮或是發黃出現鹼味。

2. 擀圓皮要均勻，厚薄要一致。

3. 也可用少許食用紅色素點綴桃形尖部，更具喜氣。

第四篇 天府麵製品小吃

✿ 149

# 菊花花卷

風味・特點│ 造型美觀，鬆泡甜軟，形似菊花

原料：（20 人份）

中筋麵粉 500 克，老發麵 50 克（見 137），清水 250 克，白糖 50 克，化豬油 25 克，小蘇打 4 克克

做法：

1. 老發麵中加入清水調散成稀漿，加入麵粉和勻揉成發麵，待發酵後加入小蘇打、白糖、化豬油揉至均勻，扎成正鹼後用濕紗布蓋上，靜置餳 15 分鐘待用。

2. 將發麵搓條，扯成每個重 25 克的麵劑。再將麵劑搓成粗細均勻的長圓條，兩手分別捏住兩頭向著相反的方向，轉成連著的兩個同心圓。

3. 接著用兩根筷子叉開，從兩個圓圈的腰部夾攏成 4 瓣花葉狀，用刀在 4 個花瓣中間處分別切斷成菊花形狀，如法做完所有麵劑子。

4. 將花卷生坯放入刷了油的蒸籠內，用沸水旺火蒸約 10 分鐘至熟即成。

[ 大師訣竅 ]

1. 確認是否為正鹼可取一塊 5~10 克發麵入蒸籠蒸熟，若是色白、鬆泡有彈性就是正鹼；若是色暗、起皺是缺鹼；顏色發黃就是鹼太重了。四川行業內稱之為「蒸麵丸」、「蒸彈子」。

2. 搓細圓條直徑約 0.5 公分即可，不能太粗或太細，

3. 卷圓卷時兩個要卷成大小一致、相互對稱的 S 形。

4. 夾形狀時，必須要對稱均勻，用刀切開四個花瓣後用手將麵條撥鬆散，使其形似菊花狀。

**原料：（15人份）**

中筋麵粉 500 克，老發麵 50 克（見 137），清水 240 克，蜜紅棗 50 克，蜜冬瓜條 50 克，蜜桂花 20 克，白糖 100 克，豬板油 200 克，小蘇打 4 克

**做法：**

1. 老發麵用清水調散成稀漿，加入麵粉和勻揉成發麵，待發酵 2 小時後加入小蘇打和白糖揉勻，扎成正鹼發麵，靜置餳 15 分鐘。

2. 豬板油用手撕去筋膜，剁成細茸；蜜紅棗去核切成細粒，蜜桂花剁細，蜜冬瓜條切成細顆粒。

3. 發麵擀成 1.3 公分厚的長方形麵片，均勻抹上板油茸、桂花，撒上蜜紅棗粒、蜜冬瓜條粒。

4. 接著用手將麵片前方邊緣向內裏卷成筒，搓成粗細均勻的條，將條切成 15 個長麵劑。

5. 將麵劑橫切成筷子粗細的條 5~7 條，用兩手將每條拉長至 12 公分左右，排整齊。

6. 拿一根筷子從中間挑起，一隻手捏住全部麵條頭並使其黏再一起，另一只手持筷子如挽節的動作將全部麵條挽成窩狀，結頭朝下，抽出筷子，上面用手指整按成窩狀，即成燕窩餅生坯。

7. 將每一麵劑如做法 5、6 做成燕窩餅生坯，擺放入蒸籠，用沸水旺火蒸約 15 分鐘至熟即成。

**[ 大師訣竅 ]**

1. 發麵一定要揉勻。小蘇打用量應視實際發酵狀況增減用量。

2. 擀麵片時要擀成厚薄均勻的，板油茸要抹均勻，撒蜜餞要均勻，成品才能錯落有致。

3. 拉麵條絲時掌握好用力要均衡，切忌拉斷。

4. 用旺火蒸製中途切忌斷火。

**150**

# 燕窩粑

風味 · 特點│鬆泡香甜，油潤可口，形似燕窩

🌸 **151**

# 紅棗油花

風味・特點｜鬆軟泡嫩，油滋香甜

**原料：（10 人份）**

中筋麵粉 500 克，老發麵 50 克（見137），清水 240 克，紅棗 100 克，豬板油 200 克，白糖 100 克，小蘇打 4 克

**做法：**

1. 麵粉中加入老發麵、清水和勻，揉勻成發麵，搭上濕紗布發酵約 2 小時後，加入小蘇打、白糖揉勻，靜置餳 15 分鐘。

2. 豬板油撕去筋膜剁成茸，紅棗去核，切成米粒狀，將紅棗粒、豬板油粒拌勻成紅棗油餡。

3. 將發麵擀成 0.8 公分厚的麵片，抹上紅棗油餡料，從上向下卷成圓筒，用手搓成直徑 2.5 公分粗的圓長條。

4. 用刀在圓長條上橫著切細絲條（間隔約 0.2 公分），不能切斷底部，每切 6 刀切斷一刀即成長約 1.5 公分的段。

5. 將每段的兩頭用手略拉長，再將兩端壓在坯子下面即成紅棗油花生坯，入籠，用沸水旺火蒸約 15 分鐘至熟即成。

**[ 大師訣竅 ]**

1. 發麵要反復揉勻，扎鹼要正確。麵團不能過軟，以免不成形。

2. 抹油餡要抹均勻、平整，捲筒要緊一點，切絲條時才不會散開。

3. 切細絲必須用銳利快刀切製，避免因刀面拉扯而不成形或散開。動作要俐落，又不可切穿底部。

4. 蒸熟後將油花拍鬆後擺盤，更佳美觀。

**✿ 152**

# 蜜味千層糕

風味・特點│層次多而分明，鬆軟香甜，滋潤爽口，形色美觀

**原料：（80 人份）**

中筋麵粉 2500 克，老發麵 250 克（見 137），清水 750 克，糖漬紅櫻桃顆粒 100 克，綜合水果蜜餞顆粒 100 克，豬板油 400 克，白芝麻油 100 克，白糖 750 克，蜜桂花 2 克，醪糟汁 10 克，熟白芝麻 10 克，小蘇打 15 克

**做法：**

1. 將老發麵用 250 克清水調散，加入麵粉 1500 克和清水 500 克揉和均勻，待其發酵後加入小蘇打反復揉勻成正碱發麵。

2. 其餘 1000 克麵粉入蒸籠攤開，蒸約 15 分鐘至熟取出，用細篩過篩成熟麵粉，硬塊用手在篩網上搓擦成粉。

3. 豬板油洗淨去筋皮，剁茸後加入熟麵粉 500 克、白芝麻油、白糖、蜜桂花、醪糟汁攪和拌勻成油酥麵約 1750 克。

4. 將剩餘熟麵粉同正碱發麵揉和均勻，擀成 80 公分長、40 公分寬的麵皮，在麵皮右邊 2/3 面積上抹上油酥麵約 600 克。

5. 然後將左邊 1/3 麵皮向中間疊，右邊 1/3 麵皮再向中間疊成 3 層。

6. 再次擀開成 80 公分長、40 公分寬的麵皮，接著重複做法 4、5，總共 3 次。

7. 最後擀成長寬 40 公分左右的方形麵塊，將麵塊放入木製蒸籠內，在表面均勻撒上糖漬紅櫻桃顆粒、綜合水果蜜餞顆粒，入籠蒸約 40 分鐘至熟取出，待稍涼後切成菱形塊即成。

**[ 大師訣竅 ]**

1. 和麵時一定要將老發麵調散，必須反復揉勻。

2. 蒸熟麵粉時間要控製準確，才能熟而酥鬆。

3. 擀製糕皮要用力均勻，不可用力過猛。

4. 蒸製用旺火，掌握好成熟時間，可用竹籤插入作確認，將竹籤插入發糕中間的位置再拔出，若竹籤上黏有發麵就是還沒熟透，若是乾淨的就是已經完全熟了。

**153**

# 波絲油糕

風味・特點│ 色澤金黃，外酥內嫩，餡心香甜，呈蜘蛛網狀

**原料：（20 人份）**

精白中筋麵粉 500 克，清水 400 克，蜜紅棗 250 克，白糖 75 克，蜜玫瑰 25 克，化豬油 300 克，沙拉油 1000 克（約耗 50 克），綜合水果蜜餞 40 克

**做法：**

1. 鍋內將清水燒沸後，倒入麵粉攪拌成熟起鍋，攤開晾冷後分幾次加入化豬油 200 克揉和均勻，分為 20 個麵劑。

2. 綜合水果蜜餞切細末後與白糖 25 克混合均勻成混糖蜜餞。將蜜紅棗去核、剁碎，與白糖 50 克、蜜玫瑰、化豬油 100 克拌和均勻，分成 20 份，分別搓圓成餡心。

3. 用燙麵劑子一塊，搓圓後中間按一個窩，包入餡心，封口向下擺放成油糕生坯，逐一做完。

4. 將沙拉油入鍋燒至七成熱，放入油糕生坯，稍炸即用筷子將其撥至鍋邊，並不斷撥動，待頂部向上突起呈蜘蛛網狀即可起鍋瀝油，撒上些許混糖蜜餞後擺盤，即成。

**[ 大師訣竅 ]**

1. 燙麵一定要燙熟，清水不可太多或太少。

2. 倒入麵粉攪拌時，應邊倒邊攪拌，不能黏鍋。

3. 加化豬油要分數次加入，邊揉邊加入，化豬油不能一次加足，會吃不進去。

4. 控製好炸製的油溫，一般在七成油溫，200℃左右即可。

## 154

# 宮廷鳳尾酥

風味 ・ 特點|
色澤棕黃，外酥內嫩，甜香可口，呈鳳尾狀

### 原料：（20 人份）

精製中筋麵粉 500 克，清水 250 克，冰橘甜餡 400 克（見 150），化豬油 325 克，沙拉油 2000 克（約耗 200 克）

### 做法：

1. 麵粉中加入清水和勻揉成子麵，擀成薄麵片後切成巴掌大的片，入沸水鍋內煮熟，取出，用乾淨棉布吸乾水分。

2. 趁熟麵片仍熱時，集合成團反復揉搓、搓擦，期間分數次加入化豬油，直至化豬油與麵團融為一體後，分成 20 個麵劑。

3. 將麵劑分別包入冰橘甜餡，收口向上，捏成略帶斧頭形狀成鳳尾酥生坯。

4. 取深鍋置中火上，放入沙拉油燒至八成熱，將生坯放入漏瓢中，用竹筷夾住生坯腰部，輕壓入油鍋底部，在熱油中炸至生坯飛絲呈色棕黃，挺立不塌時即成，起鍋入盤。

[ 大師訣竅 ]

1. 子麵片一定要煮至熟透。

2. 揉煮熟麵塊片，越熱揉搓效果越好，也可放入機器絞茸再揉搓，效果也不錯。

3. 揉麵團時加化豬油應分數次加入，揉勻後再加。

4. 炸製的油量、深度要夠，油溫不能過低，飛絲的效果才漂亮。

5. 如成批炸製可放入特製的鐵絲方框內，或用油炸也無害的重物固定在生坯下方炸製，關鍵在於使生坯能沉底。

西漢時期，卓文君與當時大辭賦家司馬相如私奔後安居賣酒的琴臺路。

# 洗沙眉毛酥

風味・特點｜酥紋清晰，繩邊完整，味甜酥香

 **155**

原料：（15 人份）

中筋麵粉 500 克，清水 120 克，洗沙餡 400 克（見 057），化豬油 2000 克（約耗 250 克）

做法：

1. 用麵粉 150 克加入化豬油 70 克和勻，製成油酥麵。另 350 克麵粉加入化豬油 50 克，清水和勻揉製成油水麵。

2. 將油水麵、油酥麵分別分成 15 個劑子，用油水麵劑子包入油酥麵劑子按扁，擀成牛舌形，裹成圓筒，橫切成兩節。

3. 切開的劑子刀口面向下豎立在案板上按扁，再擀成直徑約 7 公分的圓麵皮，逐個包入洗沙餡，對折成半圓形，抄一頭的角，用手指鎖成繩邊成眉毛酥生坯。

4. 鍋內放化豬油燒至四成熱，下入眉毛酥生坯用文火浸炸成熟，起鍋瀝油即可。

[ 大師訣竅 ]

1. 油水麵要多揉製其質地才會均勻，麵團外觀才光潔。

2. 油水麵與油酥麵軟硬要一致。

3. 擀酥時用力的輕重要一致，以免厚薄不均。

4. 包餡時酥紋面向外，成品的起酥效果才會正確。

5. 火力不能過大，油溫不宜過高，並邊炸邊淋油，使之受熱均勻。

 **156**

# 蜜味龍眼酥

風味 · 特點｜色白酥鬆，味香甜美，形如龍眼

原料：（15 人份）

中筋麵粉 500 克，清水 120 克，橘餅 50 克，蜜紅棗 50 克，蜜冬瓜條 100 克，白糖 150 克，熟麵粉 50 克（見 059），糖漬紅櫻桃 25 顆，化豬油 2000 克（約耗 300 克）

做法：

1. 麵粉 150 克與化豬油 75 克和勻製成油酥麵。另將麵粉 350 克加入化豬油 50 克，清水揉勻成油水麵。

2. 橘餅、蜜冬瓜條、蜜紅棗分別切成粒，與白糖、化豬油、熟麵粉揉勻成甜餡，搓成球形餡心 45 個。

3. 油水麵壓扁成圓片包入油酥麵團，擀成長方形薄麵片，由外向內裹卷成圓筒後搓長條，用刀均勻切出 45 個麵劑子，刀口向下按扁待用。

4. 用皮坯分別包入餡心，做成高約 2.5 公分，直徑約 3.3 公分的餅坯，入三成熱的溫油鍋炸至浮面成熟撈出，在酥紋中心嵌半顆糖漬紅櫻桃即成。

[ 大師訣竅 ]

1. 油酥麵要用手掌擦至不黏手，不黏案板。

2. 油水麵要反復多揉，使其表面光潔筋力強。

3. 包酥用大包酥，不可破酥。

4. 擀酥時用力要均勻，手法一致。

5. 炸製的油溫不宜過高，邊炸邊淋餅坯中間，使其炸製均勻。

## 157 盆花酥

風味・特點│形態美觀別致，皮酥餡心香甜

原料：（12 人份）

油水麵團 350 克（見 142），油酥麵團 150 克（見 142），蜜桂花 50 克，白糖 100 克，熟麵粉 50 克（見 059），糖漬紅櫻桃 12 顆，化豬油 2000 克（約耗 250 克）、食用紅色素少許

做法：

1. 蜜桂花與化豬油、白糖、熟麵粉揉勻成桂花甜餡。

2. 將 100 克油水麵加入食用紅色素揉勻，成嫩紅色油水麵。白色油水麵分別分成 12 個劑子，紅色油水麵分別分成 6 個劑子，油酥麵則分成 12 個大劑子 6 個小劑子。

3. 紅白兩色油水麵劑子分別包入大油酥麵劑。白色油水麵擀成長片後裹成圓筒，用刀切成兩半，切口朝下擀成圓片，先取一片舀入桂花甜餡，再拿一片蓋上並且鎖上花邊。

4. 另用紅色的油水麵包入小油酥麵劑，擀成長片後裹成圓筒，用刀切成兩半，切口朝下擀成圓片，每片包一顆糖漬紅櫻桃，用小刀在頂部劃十字形刀口。

5. 將兩種顏色的生坯入化豬油鍋內炸熟後，把紅色的小花形點心嵌在鎖花邊的盆子中間即成。

[ 大師訣竅 ]

1. 白色油水麵包酥擀製成片後要呈現酥紋，兩片大小要均勻。

2. 花邊要鎖均勻，一來美觀二來避免裂口。

3. 紅色油水麵做小花要做得精緻，掌握好炸製的油溫。

## 158 層層酥鮮花餅

風味・特點│色白酥香，層次分明

原料：（15 人份）

油水麵團 350 克（見 142），油酥麵團 150 克（見 142），玫瑰甜餡 200 克（見 151），化豬油 2000 克（約耗 100 克）

做法：

1. 油水麵團搓成長條，扯成小麵劑 15 個，油酥麵團也分成 15 個劑子

2. 油水麵劑分別包入油酥麵劑，按扁，擀成牛舌形麵片，裹攏成圓筒壓扁，兩端往內折疊後擀成圓麵皮。

3. 取圓麵皮包入玫瑰餡心，按扁成厚約 1.5 公分，直徑約 6 公分的圓餅坯，用刀在餅坯邊緣的中部劃一圈，中間插一牙籤，放入三成熱的溫油鍋內炸熟即成。

[ 大師訣竅 ]

1. 油水麵不能過軟，要反復多揉製，使其具有較佳的可塑性。

2. 包酥麵時收口要嚴實，擀製時不能破酥或混酥，成品起酥會不漂亮。

3. 用刀劃餅時不可劃到餡心，炸製時會漏餡。

4. 炸製時用溫油、文火浸炸，炸至起酥現層後即可取掉牙籤。

## 159

# 雙味鴛鴦酥

風味．特點｜兩色分明，酥層清晰，外形美觀，鹹鮮甜香

**原料：（12 人份）**

油水麵 350 克（見 142），油酥麵 150 克（見 142），去皮豬肥瘦肉 200 克，宜賓芽菜 50 克，料酒 5 克，川鹽 2 克，胡椒粉 2 克，醬油 10 克，蔥白花 25 克，蜜紅棗 150 克，蜜桂花 5 克，熟白芝麻 25 克，白糖 100 克，熟麵粉 50 克（見 XXX 頁），化豬油 2000 克（約耗 250 克），食用紅色素少許

**做法：**

1. 芽菜洗淨切成細粒，豬肉洗淨剁碎，入炒鍋內加入化豬油 30 克以中火炒散籽，加入料酒、川鹽、胡椒粉、醬油、芽菜末炒香起鍋，加蔥白花拌勻成鮮肉鹹餡。

2. 蜜紅棗去核切成細茸，加入蜜桂花、碾碎的熟白芝麻、白糖、化豬油 50 克、熟麵粉拌勻成棗泥甜餡。

3. 取一半油水麵用食用紅色素染成粉紅色麵團揉勻。白色及粉紅色麵團分別搓條扯成小麵劑各 6 個。油酥麵分成 12 個劑子

4. 用紅、白兩色油水麵劑分別包入油酥麵劑，分別擀成牛舌形麵片，卷攏成圓筒，用刀切成兩節，刀口向下，分別擀成圓麵皮。

5. 用紅色圓麵皮包入棗泥甜餡，對折成半月形餃坯。用白色圓麵皮包入鮮肉鹹餡，對折成半月形餃坯，將兩色餃坯黏成圓形，邊緣鎖成繩邊成鴛鴦酥坯。

6. 油鍋內放入化豬油燒至三成熱，將酥坯入油鍋以小火炸製成熟、起酥，撈出即成。

**[ 大師訣竅 ]**

1. 鹹餡必須晾冷，便於包捏，進冰箱冰冷後更佳。

2. 紅色麵團顏色不能太深，以粉紅色為宜，較為典雅。

3. 繩邊要均勻完整，餃坯大小要一致，紅白分明交合自然，無縫。

4. 炸製時用溫油，並不斷地用瓢舀熱油淋至酥坯表面，使之受熱均勻，酥紋呈現。

成都市府南河景緻。

## 🌸 160
# 蓮茸荷花酥

風味 · 特點│色澤美觀，香甜化渣，呈荷花形

**原料：（15 人份）**

中筋麵粉 500 克，清水 120 克，蓮茸餡 150 克（見 062），化豬油 2000 克（約耗 250 克），綜合水果蜜餞 30 克，白糖 50 克

**做法：**

1. 麵粉 150 克中加入化豬油 50 克製成油酥麵。再將其餘麵粉 350 克加入化豬油 50 克、清水揉成油水麵，揉勻靜置餳約 15 分鐘。

2. 綜合水果蜜餞切細粒狀與白糖混和均勻成混糖蜜餞，備用。

3. 將油水麵、油酥麵分別扯成麵劑子 15 個。油水麵劑一一包入油酥麵劑，按扁，擀成牛舌形麵片，裹攏成圓筒，按扁，兩頭抄攏擀成圓麵皮。

4. 圓麵皮中包入蓮茸餡後捏成蘋果形狀，用刀在頂部勻稱地劃三刀成花瓣。

5. 入三成熱的溫油鍋內，以中小火炸至色白翻酥起鍋，裝盤後用混糖蜜餞撒在每個荷花酥中心即成。

**[ 大師訣竅 ]**

1. 荷花酥的蓮茸餡應選用植物油炒製的，風味更清新。

2. 擀酥時用力輕重要一致，不能破酥。

3. 劃刀口時不能劃穿餡心，炸製時會漏餡。

4. 掌握好油溫，用三成油溫炸製並不斷用瓢舀熱油淋生坯頂部，使花瓣能順利起酥張開。

245

## 🌸 161
# 蘭花酥

風味 · 特點 |
成型美觀逼真，色澤白淨，入口酥化，香甜可口

**原料：（20 人份）**

中筋麵粉 400 克，清水 200 克，化豬油 100 克，綜合水果蜜餞 30 克，白糖 50 克，蛋清 20 克，沙拉油 1500 克

**做法：**

1. 取 150 克麵粉加入 50 克化豬油，反覆揉搓成油酥麵待用。

2. 再取 250 克麵粉加入清水 200、化豬油 50 克，揉製成油水麵團待用。綜合水果蜜餞切細粒狀與白糖混和均勻成混糖蜜餞，備用。

3. 取油水麵包入油酥麵收好口，壓扁擀成方形麵皮，摺疊多層後再擀成方形麵皮，重複 4~5 次，最後一次擀成適當大小、厚約 0.2 公分的方形麵皮，即成酥麵皮。

4. 把擀好的酥麵皮，用刀切成約 5 公分見方的酥皮塊，再用刀切劃出蘭花酥的葉、花瓣，然後將葉、花瓣用蛋清沾好，成蘭花酥生坯。

5. 把製成型的蘭花生坯，放入三成油溫的沙拉油鍋內炸至起酥成熟，撈起放入盤中，再把切細的混糖蜜餞，適量的放入每個蘭花酥的花瓣中，即成。

**[ 大師訣竅 ]**

1. 擀酥麵皮時折疊的層數不能過多，容易破酥，一般 3~6 層較為洽當。

2. 做好的酥麵皮，可切成所需大小後放入冷凍庫凍起來，之後可以隨取隨用。

3. 為確保蘭花酥成品色澤潔淨應使用新油。也可使用化豬油，成品脂香味更濃。

**原料：（10 人份）**

中筋麵粉 500 克，沸水 400 克，去皮豬肥瘦肉 400 克，韭菜 250 克，化豬油 100 克，小蘇打 10 克，料酒 25 克，川鹽 5 克，醬油 25 克，白芝麻油 10 克，胡椒粉 2 克，花椒粉 1 克，沙拉油 500 克（約耗 150 克）

**做法：**

1. 豬肥瘦肉洗淨、剁碎，韭菜洗淨切細粒。炒鍋內放化豬油 50 克燒至六成熱，下入肉粒炒散籽，放入料酒、川鹽、醬油炒香起鍋。

2. 在起鍋的餡料中加入白芝麻油、胡椒粉、花椒粉，最後下入韭菜粒拌勻成餡心。

3. 麵粉 100 克中加入化豬油 50 克揉和均勻成油酥麵。

4. 麵粉 400 克用沸水燙熟，攤開晾涼後加入小蘇打揉勻，接著按壓成片，包入酥麵揉圓再擀成麵皮，麵皮由內而外對折後再由外向內裹成圓筒，用刀切成麵劑 40 個。

5. 將麵劑刀口面向上，按扁擀成薄皮，挑入餡心抹平留圓邊，再將一張同樣的圓皮蓋住餡心，捏緊圓邊，鎖成麻繩形花邊的韭菜盒生坯。

6. 鍋內放沙拉油燒至八成熱，放入韭菜盒生坯炸至色呈米黃浮面即成。

**[ 大師訣竅 ]**

1. 豬肉應選肥六瘦四的肉，口感質地較佳。

2. 炒餡不可久炒，炒散籽即可，成品才有鮮香味。

3. 燙麵要燙熟，不可燙製過軟，掌握好用水量。

4. 包餡時圓邊上不能黏油脂否則容易裂口，盒子要捏緊，鎖麻繩邊要均勻。

5. 掌握好炸製的油溫，不能用過低油溫炸製。

**162**

# 韭菜酥盒

風味 · 特點｜皮酥脆，餡鮮香，有濃郁的韭菜香味

製品小吃及其它風味雜糧

第五篇

川味麵點小吃原料除最常見的米麵外，還有很多是選用各種雜糧或是葷原料來製作。雜糧的範圍十分廣，包括玉米、薯類、豆類、蕎麥及一些瓜果、乾果類等，葷原料則是包山包海，但一個應用特點就是以日常實用的豬雞牛羊的邊角餘料為多。原料雖是粗糧、雜糧與葷雜料，但製作的川味小吃多是十分精細，選料也講究而口味鮮美，濃厚的地方特色是最大亮點。有不少這類小吃，在高級筵席中起到了畫龍點睛的作用。社會現代化、商業化之餘，人們消費觀念日趨回歸自然，追求健康飲食，使得以往視為糟粕的雜糧、雜料製作的四川小吃，越來越受人們的喜愛。

在鄉壩頭，現摘現煮的玉米又香又甜，既是點心也是正餐。

# 第一章
# 常用原料

## 1. 玉米

　　四川人習慣將玉米稱作「包穀」，是最廣泛使用與食用的雜糧，全川從平原到高原都有種植。玉米有黃色玉米、白色玉米、雜色玉米三大類，又有糯玉米、水果玉米、一般玉米等口感之分，其中白玉米黏性好，適合製作各種小吃點心，黃玉米顏色濃郁、甜香風味討喜，使用得更普遍。

　　製作小吃多是使用玉米乾燥、碾磨加工後的玉米粉，再加上比例不等的麵粉或糯米粉調整玉米粉團的特性或需要的成品口感，就能製作各式玉米類小吃，如「玉米糕」、「玉米酥盒」、「炸黃金糕」、「象形玉米」等風味特色小吃。

## 2. 薯類

　　川味小吃選用薯類作為原料的品種也不少，常用的有土豆、紅苕等，由於薯類原料富含澱粉，製作出的小吃均有質感細膩、軟嫩、滋糯適口的特點。

**馬鈴薯：**（俗稱土豆、洋芋）：馬鈴薯按季節分冬馬鈴薯、春馬鈴薯，從質地看，冬馬鈴薯質好、體大、軟糯，春馬鈴薯質地次之，一般用於菜肴製作。用馬鈴薯製作小吃，須先將馬鈴薯去皮煮製熟後，壓成泥茸狀，製

成皮料，經包入餡心成形後，再經煎、炸成各式風味小吃，如「火腿土豆餅」、「三鮮芋梨」、「棗泥芋果」等。

**紅薯：**（俗稱紅苕、地瓜、番薯）：四川大部分地區都盛產紅薯類，四川地區習慣稱紅薯為「紅苕（川人習慣念成「杓」，

正音為「條」）」。紅薯有紅心、白心之分，紅心薯色淡紅，甜味度較高，熟後質地細嫩，白心薯色白微黃，甜味度較低，熟後有較多筋網。一般選用紅心薯製作小吃較多。紅薯經煮熟後製成泥茸，適當加入麵粉或米粉、生粉可製成各種風味別具的川味小吃和筵席麵點，如「玫瑰苕餅」、「芝麻苕棗」、「枇杷苕」等。還有許多用紅苕粉做的各種粉，口感爽滑，極受歡迎。從營養學角度來說，紅苕富含人體多種必需營養成分，聯合國糧農衛生組織將紅薯劃為對人體最健康的食品之一，提倡多吃紅薯。如今用紅薯製成的小吃，也普遍受到人們的歡迎。

**紫薯：**紫薯又叫黑薯，薯肉呈紫色至深紫色。除了具有常見紅薯的各種營養外，更富含硒元素和花青素。以往種植量少，在健康意識抬頭的今日成了新興的食材，但口感一般較不滋潤，需加入其他澱粉改良口感質地。

## 3. 豆類

　　豆類品種有綠豆、黃豆、紅豆、胡豆、豌豆等，川味小吃常常用豆類來製作小吃點心的餡心。各種豆類品種大都含豐富的蛋白質和澱粉，黃豆還含豐富的油質。川味小吃中用豆類製作的品種不少，加工製作的方法也各式各樣，極富地方特色。

**綠豆：**綠豆品質以色澤濃綠，富有光澤，顆粒大且均勻為上品。用綠豆製作的豆沙稱「綠豆沙」，是小吃餡心中很有特色的品類。綠豆若磨成乾粉，還可製作成「綠豆糕」等傳

統點心小吃。

**黃豆：**黃豆在川味小吃製作中主要作為輔助原料，比如將黃豆泡漲油酥後，是許多小吃必加的配料，增加口感也增香，或是炒熟磨成粉，其味特香，是製作傳統名小吃「三大炮」、「涼糍粑」的主要沾裹原料。

**紅豆：**紅豆又名赤豆、飯豆，紫紅色，豆粒大，皮薄，光澤度好，豆臍上有白紋的質地最佳。粒較小色深紅的品質較差。紅豆含澱粉較高，一般都用來製作小吃的餡料，如「豆沙餡」，還可與凍粉等原料配合，製作成「紅豆糕」或凍類，用紅豆製作的小吃也具有一定特色。

**豌豆：**常用的有鮮豌豆與乾豌豆及豌豆粉。鮮豌豆多是直接當主料或磨成泥茸做成糕點；乾豌豆則是煮成粑豌豆與各式麵食、蕎麵搭配；豌豆粉多用於調整各類雜糧麵團的麵性、或成品口感。

傳統小區的早晨。

### 4. 蕎麥

　　蕎麥一詞實際又區分為「甜蕎」和「苦蕎」兩個品種，甜蕎多種在低海拔，顆粒大、成粉綠色，營養價值與一般米麥差不多。而在四川，說到蕎麥指的是苦蕎麥，又名花麥、烏麥、蕎子，蕎麥經加工成顏色黃灰的蕎麥粉，濕潤後呈深棕綠色，可製作成蕎麵和各式糕團、饅頭類，川味小吃「邛崍蕎麵」就是一款非常受人所喜愛的風味小吃。四川涼山州的高寒山區是著名的蕎麥大產地，經分析苦蕎麥富含礦物質，含量為精稻米、小麥麵粉的 2~3 倍，還有諸多食療作用。然而苦蕎只能在 2000 公尺以上的高原種植。現今蕎麥，特別是苦蕎已被認可為食療保健的食品原料，開發更多蕎麥粉製作的小吃食品，應是餐飲業發展的必然趨勢。

左邊為苦蕎，右邊甜蕎，四川高山少數民族地區以苦蕎為主食。

### 5. 黑米

　　黑米屬粳米類，外觀長橢圓形，顏色為黑或深紫黑，黑米屬於非糯性稻米，營養豐富，食、藥用價值高，可煮粥、製作各式點心。最具代表性的黑米為陝西洋縣黑米，自古有「藥米」、「貢米」、「壽米」的美名。

悠閒樂天的四川老大爺。

## 6. 瓊脂

瓊脂又名洋菜、果凍粉、燕菜精、寒天等，由海藻中提取的多糖體，是植物膠的一種，具有凝固性，本身沒有明顯的味道，凝固後呈透明狀，口感是屬於滋潤脆滑，用於小吃中能明顯改變小吃的質地口感，能做成果凍、糕點、軟糖、羹類等食品。在雜糧製品中使用較多，因許多雜糧本身的口感或凝結效果不佳，瓊脂恰好可以提升凝結能力又能改善口感。

另有一種叫做「明膠」與瓊脂功能相近，但屬動物膠，又稱做「魚膠」或「吉利丁」（Gelatine），是一種從動物的骨頭或結締組織提煉出來，透明帶淺黃，無味的膠質，主要成分是蛋白質，凝固後的口感是屬於軟滑滋潤。食用的明膠一般為片狀或粉狀，需要放入冰箱，才會凝固。常用於製作西點、慕斯、布丁等甜品。

部分小吃點心中的瓊脂可以按口感需要以明膠替代。

## 7. 葷原料

這類材料多是豬雞牛羊等等的腸胃內臟、下水，少數則是其他不好處理或骨多肉少的部位，如豬尾巴、兔頭、鴨頭等，這類食材原料傳統上也是比較上不了檯面。另一方面是這類原料清洗準備工作繁瑣，若非專業大量處裡，對一般餐館小量使用來說，人力成本過高，而不受青睞。也因此形成許多這類小吃的店家攤攤採專門販售的形式。這類型的小吃接近菜肴的烹調形式，加上小吃的市場多與當地飲食偏好關係緊密，而形成葷類小吃的地域特色更加突出。

## 66 第二章
# 基本工藝與常用配方

---

### 鮮苕麵團

原料：紅苕 500 克，中筋麵粉 50 克（依小吃品種需要增減用量）

做法：

1. 紅苕去皮洗淨後改成 0.3 公分片狀。
2. 入籠蒸約 15 分鐘至熟取出，用刀背壓成泥茸。
3. 紅苕茸中加入麵粉揉勻成團即成。

---

### 鮮苕粉團

原料：紅苕 500 克，糯米粉 75 克（依小吃品種需增減用量）

做法：

1. 紅苕去皮洗淨後改成 0.3 公分片狀。
2. 入籠蒸約 15 分鐘至熟取出，用刀背壓成泥茸。
3. 紅苕茸中加入糯米粉揉勻成團即成。

川人的美好小日子就是泡在陽光溢灑下的茶舖子裡。

熱呼呼的烤紅苕在冬日裡最能暖胃又暖心。

壓製蕎麥麵。

## 蕎麥麵

原料：苦蕎麥麵粉 250 克，高筋麵粉 350 克，豌豆粉 50 克，雞蛋 4 個，10% 清透生石灰水 75 克（見 060），清水 50 克，

做法：

1. 苦蕎麥麵粉與高筋麵粉、豌豆粉和勻，加入石灰水、雞蛋液和清水拌勻後，揉製均勻成光滑麵團。用濕紗布蓋上靜置餳 30 分鐘，待用。

2. 將專用木榨器置湯鍋上，用旺火將湯鍋裡的水燒沸，取一塊麵團約 100 克，整成圓條狀放入榨孔內。

3. 將榨桿插入，用力壓榨棒，待麵條從小孔中完全壓出後，斬斷麵條，使其直接落入湯鍋煮熟。

4. 煮熟的蕎麥麵持續漲發的速度相較於一般麵條快許多，因此煮熟撈起後應盡快食用，不可久放。

## 黃涼粉

原料：豌豆粉 500 克、清水 2750 克、黃梔子仁 25 克

做法：

1. 將豌豆粉用 750 克清水調勻成水豆粉。

2. 取乾淨湯鍋置中火上，摻清水 2000 克燒沸，加入黃梔子仁，熬出黃亮的顏色後將黃梔子仁撈出。

3. 將調勻的水豆粉慢慢地倒入，邊倒邊攪動以防止粘鍋。

4. 當水豆粉開始變稠時轉小火，再持續攪煮約 20 分鐘至熟成濃稠糊狀即可關火。

5. 關火後立刻整鍋移至陰涼處靜置，涼冷凝結後即成黃涼粉。

## 豆花

原料：乾黃豆 500 克，鹽鹵 15 克，水 5000 毫升

做法：

1. 將乾黃豆入盆內，加三倍的水量浸泡 10 個小時至完全漲發，淘洗乾淨，瀝水後搭配 5000 毫升的水用磨漿機磨成豆漿備用。鹽鹵用水稀釋濃度到不澀口，備用

2. 將豆漿入鍋內中火燒沸，轉成小火保溫。

3. 用大湯勺舀少許鹽鹵水，以畫圓的方式慢慢地在豆漿上層滑動，讓鹽鹵水保持穩定而少量地攪入豆漿內，此時可以看到豆漿慢慢凝結成棉絮狀。

4. 在豆漿還渾濁未完全凝結時，重複步驟 3 的動作，直到豆漿都凝結成棉絮狀，湯汁變得清澈即可。鹽鹵水不一定要用完！

5. 取竹篩或大漏勺輕輕從鍋邊將棉絮狀豆花往鍋中間壓製收緊成形，以小火持續保溫 20 分鐘後即成川式豆花，舀入小湯碗內備用。

黃梔子仁。

使用到豬骨心肺湯或是豬骨肥腸湯的小吃多是用大鍋熬起，四處飄香吸引食客。

## 嫩豆花

原料：黃豆 500 克，熟石膏 12.5 克，菜籽油 5 克，清水 2700 克

做法：

1. 黃豆洗淨後加入清水，水量約為淹過黃豆 5 公分左右的量。浸泡約 5 小時以上，需泡透，泡至無硬心。

2. 將泡透的黃豆瀝乾浸泡的水，再加入清水 2500 克及菜籽油攪勻。

3. 用石磨或磨漿機器磨製成漿，磨漿的過程中需保持有適量的水一起磨製。

4. 將磨好的漿倒入棉布袋中用力擠壓以濾除粗纖維，取得細膩的生豆漿。

5. 將裝有生豆漿的湯鍋上中火，煮至沸騰起大量泡沫後，繼續煮約 5 分鐘，以破壞生豆漿中對人體不好的的黃豆皂鹼，此時滾沸豆漿所冒的泡沫變很少，才算是完全煮熟。關火，備用。

6. 取煮過的涼開水 200 克，加入熟石膏攪拌至完全溶化，再倒入適當的湯鍋中。

7. 將煮熟的豆漿沖入裝有熟石膏溶液的湯鍋中，蓋上鍋蓋後靜置約 2 小時至充分凝結即成嫩豆花。

## 豬骨心肺湯

原料：豬棒骨 1000 克，豬心 500 克，豬肺 1 副約（1500 克），生薑 50 克，花椒 15 克，大蔥 50 克，清水 6000 克

做法：

1. 將帶血紅的豬肺氣管接到水龍頭，把水灌滿到脹得很大後把水倒出來，等水完全倒出來後再接到水龍頭灌滿，這樣重複三五次，直到整個豬肺變白。

2. 起鍋燒沸水，將把做法 1 最後一次灌好水的豬肺趁水還沒流沒完之前切開成大厚片，放到鍋裡煮，撈盡浮沫，一直撈到沒有泡沫時，將豬肺撈出用清水洗淨。

3. 將豬心切開洗淨血水。鍋內放適量水，放入豬心、豬棒骨燒沸以除去血泡，撈出豬心、豬棒骨用清水洗淨。

4. 將豬棒骨拍破，與豬心、豬肺一起放入乾淨湯鍋，再加清水，大火燒沸後掃盡浮沫，轉中火熬 2 小時，即成。

## 油酥花生

原料：生乾花生仁 100 克

做法：

1. 將生乾花生仁倒入適當的篩網中篩去多餘的皮膜及雜質。

2. 取一淨鍋倒入適量食用油，開中火燒至約 4 成熱，將篩淨的花生仁下入油鍋。

3. 轉中小火，保持 4 成油溫，慢慢炸至金黃酥脆即成。

## 油酥黃豆

原料：乾黃豆 100 克

做法：

1. 將乾黃豆洗淨，用清水浸泡約 6 小時至完全脹發。

2. 取一淨鍋倒入適量食用油，開中火燒至約 4 成熱，將泡透脹發的黃豆瀝乾水分後下入油鍋。

3. 轉中小火，保持 4 成油溫，慢慢炸至金黃酥脆即成。

製品小吃及其它風味雜糧

動手做

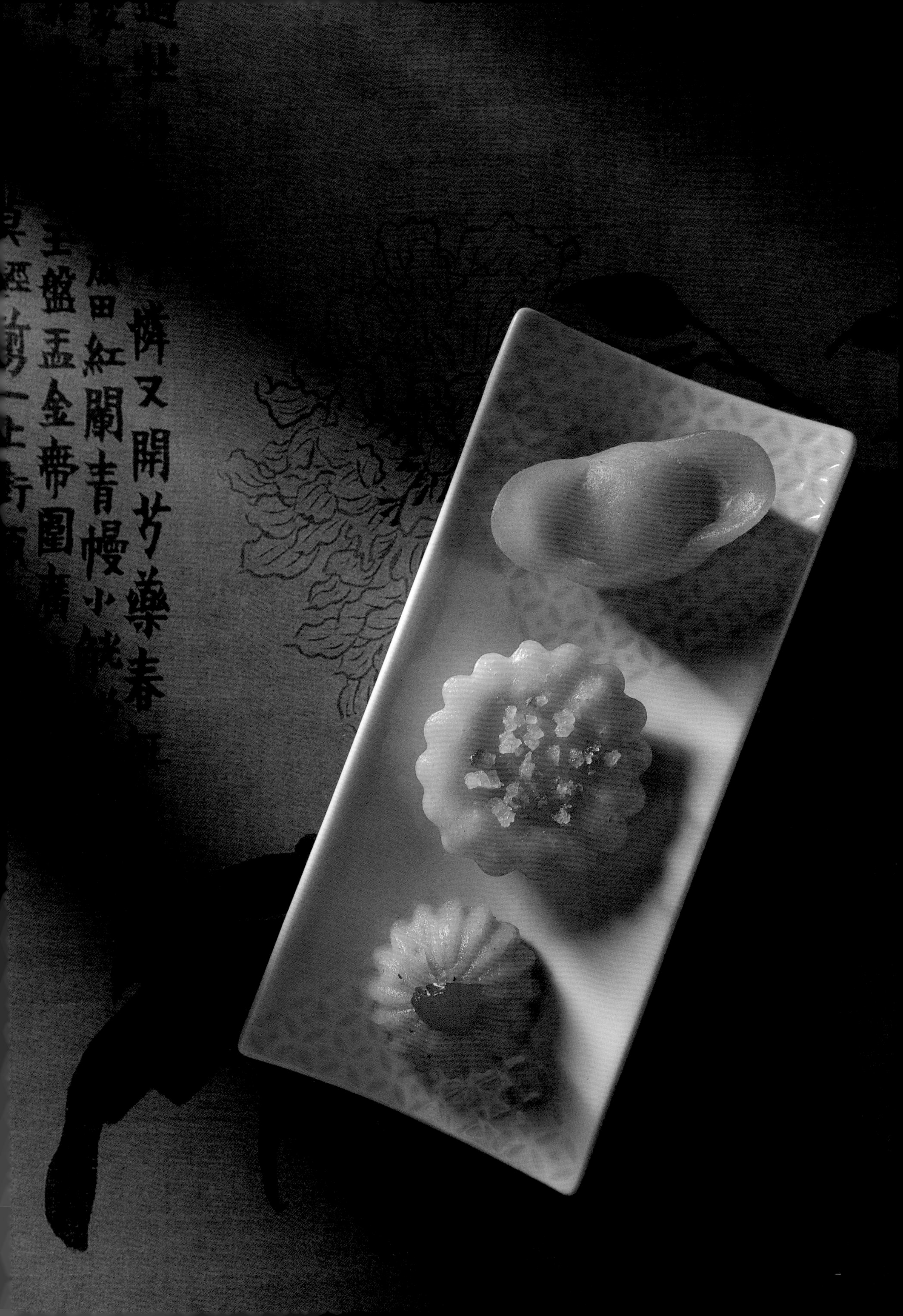

## 🌸 163
# 玉米蜂糕

風味・特點｜色澤金黃，鬆泡細嫩，香甜爽口

**原料：（15 人份）**

玉米粉 400 克，中筋麵粉 200 克，酵母粉 25 克，泡打粉 5 克，牛奶 100 克，清水 400 克，白糖 150 克，蜂蜜 50 克，綜合水果蜜餞末 50 克

**做法：**

1. 將玉米粉與麵粉混合，加入酵母粉、泡打粉、清水、牛奶拌勻成濃糊狀。

2. 拌好的玉米麵糊靜置在陰涼處發酵，夏天約 2 小時，冬天約 5 小時。

3. 待其發酵後加入白糖、蜂蜜攪轉成玉米發麵糊。

4. 將發麵糊分別裝入 50 個紙盞內，置於蒸籠中，用沸水旺火蒸約 20 分鐘至熟，放涼後撒上適量綜合水果蜜餞末即成。

**[ 大師訣竅 ]**

1. 麵粉的量不應低於 1/3，否則口感粗糙，麵粉太多玉米的風味就不足。

2. 調玉米糊時必須攪勻，避免有團狀粉團，影響成品外觀與口感。

3. 蒸製時間要掌握好。蒸製時火力一定要大，一氣呵成，中途不能斷火。

## 🌸 164
# 花香玉米盞

風味・特點｜形狀美觀，甜香滋潤

**原料：（20 人份）**

玉米粉 500 克，乾糯米吊漿粉 200 克（見 052），雞蛋 2 個，牛奶 150 克，煉乳 25 克，清水 400 克，玫瑰甜餡 200 克（見 151），化豬油 25 克，糖漬紅櫻桃 20 顆

**做法：**

1. 將玉米粉與乾糯米吊漿粉拌勻，加入雞蛋液、牛奶、煉乳及清水調勻成糊狀。

2. 調勻的玉米糊先舀一半在刷了油的菊花模盞內，入籠蒸 5 分鐘後揭開籠蓋，將玫瑰甜餡心放入玉米盞內。

3. 再舀入一半玉米糊淹沒餡心，繼續蒸製約 10 分鐘，直至成熟，取出後在每個玉米盞上嵌半顆紅櫻即成。

**[ 大師訣竅 ]**

1. 玉米糊一定要調勻攪散。

2. 菊花模盞內必須刷化豬油，才便於脫模。

3. 掌握好蒸製時間，確保熟透並均勻成熟。

4. 乾糯米吊漿粉可用市售湯圓粉替代。

位於重慶市酉陽縣的龔灘古鎮。

# 🌸 165

# 黃金玉米元寶

風味・特點｜形態美觀，色調自然，香甜可口，營養豐富

原料：（10人份）

玉米粉350克，熟玉米粉50克（作法同059頁的熟麵粉），乾糯米粉100克（見053），牛奶100克，清水200克，酥核桃仁25克，熟花生仁25克，熟白芝麻25克，蜜冬瓜條25克，蜜玫瑰15克，白糖150克，熟麵粉50克（見059），化豬油75克

做法：

1. 玉米粉與熟玉米粉、糯米粉拌和和勻。

2. 將牛奶加清水燒沸，沖入拌和均勻的粉內攪勻後，加入化豬油25克揉勻成玉米麵團。

3. 將蜜冬瓜條切小丁；酥核桃仁、熟花生仁剁碎；熟白芝麻碾碎後與白糖、蜜玫瑰、化豬油50克、熟麵粉拌和均勻成餡心。

4. 將玉米麵團扯成20個小劑，分別按扁包入餡心，用手將其搓長，兩頭按扁捏製成元寶形生坯。入籠蒸約10分鐘至熟即成。

[大師訣竅]

1. 燙粉時必須用燒沸的牛奶水燙製，掌握好用水量。

2. 玉米麵團要反覆揉和，使其質地均勻。

3. 蒸製時間不宜過長，太長口感變差。

4. 這裡的玉米粉是指乾黃玉米磨成的黃色玉米粉，不是純白色的玉米澱粉。

# 🌸 166

原料：（10人份）

鮮嫩玉米粒400克，乾糯米粉100克（見053），澄粉50克，清水30克，糖粉50克，棗泥餡100克（見「雙味鴛鴦酥」，240頁），白芝麻油5克，玉米葉20張

做法：

1. 將鮮嫩玉米粒用絞磨機絞茸，再以籮篩過濾去渣，取玉米糊與乾糯米粉、糖粉揉勻成玉米麵團。

2. 澄粉置於攪拌盆內，用煮沸的清水30克沖入燙熟，再與玉米粉團揉和均勻。

3. 將玉米麵團扯成20個劑子，分別包入棗泥餡，搓成小玉米苞形，用竹片在表面壓出玉米粒狀，然後用玉米葉包裹上籠蒸約6分鐘至熟，刷上芝麻油即成。

[大師訣竅]

1. 鮮玉米一定要絞成細茸，成品效果才佳。

2. 玉米粉粉團要揉至滋潤，軟硬要適度。

3. 搓形壓印要力求逼真。

4. 掌握好蒸製時間，不可久蒸，以免發硬。

# 象生玉米苞

風味・特點｜ 造型逼真，軟糯香甜

## ❀ 165
# 玉米餅

風味 · 特點｜色澤金黃，外酥內嫩

## ❀ 168
# 肉包穀粑

風味 · 特點｜色澤金黃，酥脆鮮香

**原料：（10 人份）**

玉米粉 400 克，乾糯米粉 50 克（見 053），沸水 350 克，白糖 100 克，熟菜籽油 1000 克（約耗 50 克）

**做法：**

1. 玉米粉與乾糯米粉、白糖拌勻後，沖入沸水快速調勻，再揉至均勻搓成條，切成 30 個劑子。

2. 將劑子搓圓壓扁後，用擀麵杖擀成厚 1 公分的圓餅坯。

3. 入五成熱熟菜籽油鍋內，以中火炸至色金黃，餅鬆泡時即成。

**[ 大師訣竅 ]**

1. 粉要揉勻，口感才佳。

2. 餅坯不宜過薄，過薄口感不佳。

3. 乾糯米粉可用市售糯米粉。

**原料：（10 人份）**

玉米粉 500 克，黃豆粉 50 克，溫水 200 克，肥膘臘肉 250 克，蔥花 50 克，川鹽 5 克，花椒粉 5 克

**做法：**

1. 肥膘臘肉切成粒，與玉米粉、黃豆粉和勻，加入 40℃溫水、花椒粉、川鹽、蔥花拌揉均勻。

2. 將玉米團分成小砣搓圓，按扁成肉包穀粑生坯。

3. 將肉包穀粑坯放在平底鍋（或鏊子）內翻烙，待兩面色黃皮硬，放入爐膛內或 220℃烤箱內烘烤約 3 分鐘成熟即成。

**[ 大師訣竅 ]**

1. 也可選用鮮肥膘肉製作，但風味較不突出。

2. 玉米團要用溫熱水調勻，一定要反復揉製，使其質地均勻。

3. 掌握好烘烤時間，依烘烤狀態，中間時段需翻面烘烤。

## ❀ 169
# 鮮玉米粑

風味 · 特點│ 生態健康，玉米味濃，香甜適口

**原料：（10 人份）**

細玉米粉 400 克，鮮玉米粒 100 克，酵母粉 5 克，白糖 100 克，化豬油 30 克，清水 150 克，鮮玉米葉 300 克

**做法：**

1. 先把鮮玉米粒加 100 克清水磨成漿
2. 把鮮玉米漿和酵母粉、細玉米粉、白糖、清水 50 克、豬油充份揉均勻。
3. 把拌好的麵團分成 20 個劑子，分別用玉米葉包上，放入蒸籠靜置發酵，冬天 40~50 分鐘，夏天 20~30 分鐘。
4. 待發好後，上蒸籠鍋大火蒸 7 分鐘即成。

**[ 大師訣竅 ]**

1. 鮮玉米不能磨得太細，要有點細粒狀態。
2. 粉團不宜揉得過乾，口感粗糙。
3. 大火一氣蒸熟，減少夾生狀況發生。

## ❀ 170
# 金黃玉米酥盒

風味 · 特點│ 色澤金黃，皮酥香，餡鹹鮮

**原料：（10 人份）**

玉米粉 200 克，即食熟玉米粉 200 克，沸水 200 克，奶油（黃油）50 克，去皮豬肥瘦肉粒 350 克，碎米芽菜末 50 克，蔥花 50 克，料酒 10 克，川鹽 6 克，醬油 10 克，胡椒粉 2 克，化豬油 50 克，沙拉油 1500 克（約耗 50 克）

**做法：**

1. 將生玉米粉與即食熟玉米粉混合均勻裝入盆內，沖入沸水攪勻，燙成半生半熟的玉米粉團，趁熱加入奶油揉勻。
2. 炒鍋置火上，放入化豬油燒熱，下豬肉粒炒散籽，加入料酒、川鹽、醬油、胡椒粉、芽菜末炒香起鍋，加入蔥花拌勻成肉餡。
3. 將玉米麵團搓條，分成每個約 8 克的劑子，分別擀成圓麵皮，把餡心放入圓麵皮中心，再將一張圓麵皮蓋住餡心，捏緊四周，鎖上花邊成坯盒。
4. 鍋內放沙拉油燒至六成熱，下入坯盒炸至皮酥色黃起鍋即成。

**[ 大師訣竅 ]**

1. 兩種玉米粉混合一定要用沸水燙製才有塑性。
2. 加入油脂後要反復揉製使其充分吸收油脂。
3. 餡心必須晾冷後才能包製，不可讓油脂黏在圓麵皮邊上，否則會捏不牢而出現漏餡現象。
4. 炸製時油溫要掌握好，要不斷地攪動坯盒。

融合現代與傳統
的成都市景觀。

## 🌸 171

# 水晶玉米糕

風味・特點｜晶瑩剔透，色黃形美，香甜爽口

**原料：（20 人份）**

玉米粉 350 克，粟粉 150 克，牛奶 150 克，清水 850 克，白糖 100 克，瓊脂 5 克，綜合水果蜜餞 20 克，香菜葉適量

**做法：**

1. 將玉米粉、粟粉調拌均勻，加入牛奶、白糖 50 克、清水 350 克調勻成稀糊狀，倒入方盤內，入籠蒸約 10 分鐘至熟取出。

2. 將香菜葉均勻嵌在在蒸好的玉米糕坯上。

3. 瓊脂用清水泡漲後瀝乾，再加清水 500 克熬化後加入白糖 50 克攪勻成瓊脂液。

4. 將瓊脂液倒在玉米糕坯上，在每個香菜葉的位置嵌上適量綜合水果蜜餞。冷卻後改刀成方形塊狀即可。

**［大師訣竅］**

1. 粉糊要攪拌均勻，不可太稀，會不成形。

2. 一定要用旺火蒸熟透。

3. 瓊脂凍液的老嫩度應掌握好，一般比例為 1 份瓊脂加 100 份清水。

4. 粟粉是白色粉末，是純玉米澱粉，與生粉功能類似，具有凝膠作用。

## 🌸 172

# 炸苕茸雞腿

風味・特點｜外脆內酥，香甜可口，形似雞腿

**原料：（10 人份）**

紅苕 500 克，中筋麵粉 150 克，清水 80 克，切細紅糖 50 克，老發麵 25 克（見 137），熟菜籽油 1500 克（約耗 150 克）

**做法：**

1. 紅苕去皮洗淨後改成片狀，入籠蒸約 15 分鐘至熟取出，用刀背壓成泥茸。切細紅糖加 30 克清水溶開。

2. 在紅苕茸中加入麵粉 50 克、老發麵、溶開紅糖揉拌均勻，分成 5 份。

3. 麵粉 100 克中加入清水 50 克反復揉勻成子麵，稍餳後扯成 5 個麵劑。

4. 將子麵劑擀成圓麵片，包入苕泥麵團，搓成兩頭尖的橢圓青果形狀，用手將兩頭按扁，從中間斜切一刀成兩個似雞腿形狀的生坯。

5. 熟菜籽油入鍋用中大火燒至六成熱，下入雞腿苕生坯，轉中火炸製成金黃色即成。

**［大師訣竅］**

1. 紅糖必須切細融化後加入麵粉內，才能均勻揉開，但不宜過重，過重成品顏色發黑。

2. 包苕泥要封好口子，不能破皮，炸製時會漏餡。

3. 炸製時用中火，油溫不可過低或太高。

## 🌸 173
# 炸枇杷苕

風味 · 特點 |
色澤金黃，外酥內嫩，香甜可口，形如枇杷

**原料：（10 人份）**

紅苕 400 克，乾糯米粉 50 克（見 053），蛋黃粉 25 克（見 057），豆沙餡 150 克（見 057），冰糖 150 克，清水 80 克，熟菜籽油 1500 克（約耗 150 克）

**做法：**

1. 紅苕去皮洗淨，留一小塊生紅苕，其餘切塊後入籠蒸約 15 分鐘至熟取出，壓成泥茸，加入糯米粉、蛋黃粉揉勻，分成 40 個小劑待用。

2. 將豆沙餡分成 40 個小餡心，搓圓，用苕泥劑子包入餡心，搓成枇杷形狀，再用生紅苕切成樹枝狀插入枇杷苕坯上，兩個一組成生坯。

3. 熟菜籽油入鍋燒至六成熱，將枇杷苕生坯放入大抄瓢內，入熱油中炸至成熟，撈出裝盤。

4. 淨鍋內放清水燒沸，下入冰糖熬至糖汁濃稠時澆在枇杷苕上即成。

**[ 大師訣竅 ]**

1. 苕泥不可太軟，會不成形。糯米粉不可過多加入，炸製過程易裂開。

2. 包餡收口要捏緊，防止漏餡。

3. 用紅苕切成樹枝，最好一枝從中劃成兩叉枝，插在兩個生坯上。

4. 掌握好炸製油溫，確保色澤美觀。

5. 可使用市售糯米粉。

重慶碧山的苕粉作坊。

# 🌸 174

# 炸苕棗

風味・特點｜色澤金黃，外酥內嫩，香甜可口

**原料：**（10 人份）

紅苕 400 克，乾糯米粉 150 克（見 053），麵包粉 75 克（麵包糠），雞蛋 2 個，熟菜籽油 1500 克（約耗 150 克）

**做法：**

1. 紅苕去皮洗淨，入籠蒸約 15 分鐘至熟取出，壓成泥茸，加入乾糯米粉 75 克揉勻成苕茸粉團。

2. 雞蛋磕入深盤中攪勻成雞蛋液。麵包粉置於另一平盤中。

3. 將苕茸粉團捏成紅棗形狀約，滾上雞蛋液，再裹上麵包粉，入鍋內用菜籽油慢火翻炸至呈金黃色，撈出裝盤。

**[ 大師訣竅 ]**

1. 紅苕需選用紅心苕，色澤才漂亮。

2. 苕泥不能過稀而不易成型，加粉太多口感不佳也易裂開。

3. 裹麵包粉要均勻，苕棗表面要平整。

4. 可搭配蜜玫瑰 10 克，白糖 150 克，清水 80 克熬製的玫瑰糖汁一起食用。

# 🌸 175

**原料：**（10 人份）

紅苕 500 克，乾糯米粉 50 克（見 053），蛋黃粉 25 克（見 057），雞蛋 2 個，麵包粉（麵包糠）85 克，熟火腿 25 克，蜜冬瓜條 25 克，去核蜜紅棗 25 克，酥核桃仁 25 克，糖漬紅櫻桃 25 克，蜜玫瑰 15 克，熟白芝麻粉 50 克（見 059），橘餅 25 克，豬板油 75 克，熟麵粉 50 克（見 059），白糖 150 克，沙拉油 1500 克（約耗 150 克）

**做法：**

1. 紅苕去皮洗淨切塊，留一小塊生紅苕，其餘入籠蒸約 15 分鐘至熟取出，壓茸後加入糯米粉、蛋黃粉揉和均勻，分成 20 個劑子。

2. 將熟火腿、豬板油、蜜冬瓜條、去核蜜紅棗、酥核桃仁、橘餅、糖漬紅櫻桃分別切剁成小丁，加入白糖、蜜玫瑰、熟白芝麻粉、熟麵粉拌和均勻成八寶餡料，將餡分成 20 個劑子，搓成圓球餡心。

3. 雞蛋磕入深盤中攪勻成雞蛋液。麵包粉置於平盤中。

4. 用紅苕粉團劑子包入餡心，捏製成梨子形狀，用生紅苕切成細條，插在苕梨坯上成梨把。

5. 鍋內放沙拉油中火燒至五成熱，將苕梨坯逐個滾上蛋液，沾裹上麵包粉，入油鍋內炸製成熟即成。

**[ 大師訣竅 ]**

1. 紅苕要蒸熟，最好不要切薄片蒸製，否則水分較重。

2. 和粉時要揉製均勻，粉不可加得過多，容易影響成形。

3. 沾麵包粉要均勻，且應用手搓至表面光潔，成品的外觀才能與梨子皮相似。

4. 炸製的油溫要控制好，不宜過低或太高。

# 象生紅荅梨

風味 · 特點｜ 色澤金黃，皮酥香，餡甜美，形如梨子

## ✿ 176

# 紅苕油糕

風味 · 特點 |
色金黃，皮酥香，餡香甜

**原料：（10人份）**

紅苕 500 克，中筋麵粉 100 克，酥核桃仁 100 克，紅糖 200 克，熟白芝麻 50 克，化豬油 150 克，熟麵粉 50 克（見 059），雞蛋 2 個，麵包粉 85 克（麵包糠），熟菜籽油 1500 克（約耗 150 克）

**做法：**

1. 紅將紅苕去皮洗淨，切成塊狀，入籠蒸約 15 分鐘至熟取出，壓茸成泥，加入麵粉揉和均勻，扯成大小一致的劑子 20 個。
2. 酥核桃仁剁碎，紅糖切成細末，熟白芝麻碾細，將以上原料同化豬油、熟麵粉和勻成甜餡。
3. 雞蛋磕入深盤中攪勻成雞蛋液。麵包粉置於平盤中。
4. 取紅苕麵團劑子分別包入餡心，按扁成圓餅坯。
5. 鍋內放沙拉油中火燒至五成熱，將圓餅坯逐個滾上蛋液，沾裹上麵包粉，入油鍋內炸製成熟即成。

**[ 大師訣竅 ]**

1. 選用紅心苕為佳，顏色滋味較豐富。
2. 蒸紅苕不可久蒸，熟後即可，久蒸水分太多，滋味也變淡。
3. 麵粉的量不可多加，麵團太硬不好包製也容易裂口。
4. 炸製的油溫需稍高一些，過低容易浸油，口感容易發膩。

## ✿ 177

# 鮮苕梅花餅

風味 · 特點 | 色澤金黃，皮酥香甜，造型美觀

**原料：（10人份）**

紅苕 500 克，乾糯米粉 50 克（見 053），熟鴨蛋黃 3 個，糖漬紅櫻桃 10 粒，太白粉 25 克，雞蛋 2 個、麵包粉 50 克（麵包糠），沙拉油 1 000 克（約耗 50 克），白糖 50 克，撲粉適量（太白粉）

**做法：**

1. 紅苕去皮洗淨切塊，入籠蒸約 15 分鐘至熟取出，用刀背壓成泥茸，加入壓細的熟鴨蛋黃、乾糯米粉、白糖揉勻。
2. 案板上撲上適量撲粉，將揉勻紅苕粉團擀壓成 1 公分厚的糕坯，期間撲上適量撲粉避免沾黏。再用梅花模具沖壓成梅花形餅坯。
3. 雞蛋磕入深盤中攪勻成雞蛋液。麵包粉置於平盤中。
4. 將梅花形餅坯逐個放入雞蛋液中裹均勻，再沾上麵包粉，入五成熱油鍋內炸至色金黃，皮酥時撈出裝盤。將糖漬紅櫻桃切成兩半，嵌在每個餅中心即成。

**[ 大師訣竅 ]**

1. 蒸紅苕不能久蒸，蒸熟即可，選用紅心苕風味較足。
2. 糯米粉不宜加多了，也可用相同份量熟麵粉的代替。
3. 沖形取出後要小心輕放，避免破壞外觀，沾麵包粉要均勻。
4. 避免沾黏的撲粉（太白粉）不能過多，以免影響成品口感。
5. 炸製時油應用中火炸製，避免外焦內生。

第五篇　風味雜糧及其它製品小吃

## 🌸 178

# 芝麻苕圓

風味 · 特點｜皮香酥爽口，餡香甜化渣

**原料：（10 人份）**

紅苕 400 克，乾糯米粉 50 克（見 053），蓮茸餡 200 克（見 058），白芝麻 150 克，雞蛋 2 個，熟鹹鴨蛋黃 4 個，沙拉油 1000 克（約耗 50 克）

**做法：**

1. 紅苕去皮洗淨、切塊，入籠蒸約 15 分鐘至熟取出，壓成泥茸，加入糯米粉和勻成紅苕粉團。

2. 熟鹹鴨蛋黃切成 20 個劑子，用蓮茸餡分別包入中心成球形的餡心。

3. 將紅苕粉團分成 20 個麵劑，分別包入蛋黃蓮茸餡，搓成圓球形狀，放入雞蛋液中裹均勻，再放入芝麻中沾裹均勻成苕圓生坯。

4. 鍋內放沙拉油，中大火燒至五成熱，下入苕圓生坯後轉中火炸製，當皮酥脆、色微黃、浮面時撈出即成。

**[ 大師訣竅 ]**

1. 和粉要均勻，成品口感才細膩。

2. 選用紅心翻沙的鹹鴨蛋黃，滋味鹹香，口感酥爽。

3. 沾芝麻後再用手捏使其黏裹均勻，並除去多餘蛋液後才能入鍋炸製。

4. 炸製時，不斷地用抄瓢推轉苕圓坯，成品色澤才會均勻，並避免白芝麻炸焦掉。

## 🌸 179

# 紫薯麻圓

風味 · 特點｜
皮脆內糯、香甜適口，紫薯味濃

**原料：（10 人份）**

紫薯 500 克，白芝麻 100 克，豆沙餡 150 克（見 057），乾糯米粉 150 克（見 053），白糖 30 克

**做法：**

1. 紫薯洗淨、去皮、切塊，入蒸籠蒸約 20 分鐘至熟。

2. 以刀背將蒸熟紫薯的壓成泥加入乾糯米粉、白糖，揉製成紫薯麵團，待用。

3. 再把紫薯麵團搓條分成 20 個劑子，一一搓圓後壓扁，包入豆沙餡成紫薯圓生坯。

4. 紫薯圓生坯均勻黏上白芝麻後，放入五成熱的油鍋，以中火炸至皮脆、浮面，起鍋瀝油即成。

**[ 大師訣竅 ]**

1. 紫薯須蒸炟，並用刀拍細至茸狀。

2. 餡心包正不能包偏，包偏時炸製容易成型不圓。

3. 炸製時要控制好油溫，過低皮不脆、顏色發白，過高容易外焦內生。

第五篇 風味雜糧 製品小吃 及其它

## ✿ 180
# 山藥涼糕

風味・特點│色澤白淨，清香甜嫩，爽口宜人

**原料：（15 人份）**

山藥 500 克，白糖 250 克，瓊脂（洋菜）20 克，清水 1800 克，綜合水果蜜餞 35 克

**做法：**

1. 將山藥去皮洗淨，切塊入籠蒸約 12 分鐘至熟，取出後壓成泥茸。

2. 綜合水果蜜餞切成小丁。

3. 瓊脂洗淨切成短節，放入淨鍋內加清水熬化，下入白糖熬至溶化後，用細紗布過濾，再倒入鍋內。

4. 將山藥泥倒入作法 3 的鍋內攪勻，以中小火熬煮沸後，起鍋倒入方盤內刮平，冷卻凝固後撒上糖漬紅櫻桃丁、蜜冬瓜條丁，放置冰箱內冰鎮後，切塊盛盤，即成。

**[ 大師訣竅 ]**

1. 山藥皮一定要去淨，蒸製軟才便於壓成泥茸。

2. 熬瓊脂加清水的水量不能過多或太少，以免不成形或失去綿軟口感。

## ✿ 181
# 黑米粥

風味・特點│軟糯適口、甜香不膩

**原料：（10 人份）**

黑米 200 克，糯米 75 克，花生仁 100 克，桂圓 50 克，紅棗 75 克，白糖 250 克，清水 2000 克

**做法：**

1. 將黑米、糯米淘洗淨，泡 12 小時至透。

2. 泡透、瀝乾水的黑米、糯米入鍋加清水煮，用中大火煮開後，轉中小火熬製。

3. 熬約 1 小時的時候加入花生仁、桂圓、紅棗，繼續煮熬 1 小時成粥後，加白糖即成。

**[ 大師訣竅 ]**

1. 熬粥務必一次將水加夠，中途發現不足再加清水，粥品香氣不足，也少了濃稠感。

2. 大火燒沸後，用中小火慢慢熬製，成品才濃。

3. 甜味度不宜過多，容易發膩。

# 🌸 182
# 成都洞子口黃涼粉

風味 ‧ 特點│ 麻辣鮮香，爽口宜人

**原料：（25 人份）**

豌豆粉 500 克，清水 2850 克，黃栀子 15 克，郫縣豆瓣
150 克，永川豆豉 100 克，醬油 150 克，芝麻醬 40 克，
蒜泥 50 克，花椒粉 15 克，川鹽 25 克，油酥花生仁 75 克，
油酥青豆仁 50 克，油酥胡豆 75 克，蔥花 100 克，熟菜
籽油 250 克

**做法：**

1. 將豌豆粉用清水 750 克調勻成水豆粉。

2. 淨鍋置中火上，摻清水 2000 克燒沸，加入黃栀子熬出
   顏色後，將黃栀子撈出。

3. 再將做法 1 調好的水豆粉慢慢地倒入，邊倒邊攪動以
   防止黏鍋，持續攪煮至熟透成濃稠糊狀，離火晾涼即
   成黃涼粉。

4. 鍋內放熟菜籽油燒熱，放入剁細
   的郫縣豆瓣、豆豉（剁細），以
   中小火煵炒酥香成豆沙狀，再加
   清水 100 克、醬油、川鹽，湯汁
   燒沸後起鍋盛入碗內成豆豉滷味
   汁。

5. 將黃涼粉改刀切塊或條，入沸水
   中燙熱舀入碗內，放入蒜泥、花
   椒粉、芝麻醬、豆豉滷味汁，撒
   上油酥花生仁、油酥青豆仁、油
   酥胡豆、蔥花即成。

**[ 大師訣竅 ]**

1. 攪涼粉的吃水量為 500 克豌豆粉
   加清水約 2500~3000 克左右。
   可依口感需要做微調。

2. 在煮熟過程中要不停的攪動以防
   止黏鍋。

3. 炒豆豉滷味汁的火候不宜過大，
   以免產生焦味。

4. 黃涼粉可熱吃，亦可涼吃。

先買「飯票」再取餐是成都張老二涼粉的老規矩，若少了這張小票，滋味
可能就少了一味！

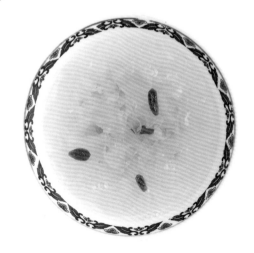

## ✿ 183
# 通江銀耳羹

風味 · 特點｜
湯汁清澈，甜香味美，銀耳軟糯，營養豐富

**原料：（10 人份）**
通江乾銀耳 10 克，白糖 25 克，冰糖粉 100 克，豬板油 50 克，雞蛋清 1 個，溫熱水 2000 克（約60℃）

**做法：**
1. 把通江乾銀耳用溫熱水 2000 克發漲後摘除耳腳，除去木屑雜質，將大朵的撕成小片，再用清水反復漂洗，抖盡泥沙。泡銀耳的水澄清後用紗布過濾，再將銀耳泡入原水中。
2. 將豬板油撕去油上皮膜，切成豌豆大的粒。
3. 將湯鍋置旺火上，加入泡銀耳的水、冰糖粉、白糖燒沸後打淨泡沫，將雞蛋清攪散淋入糖水中燒沸，打去浮沫，如此反復燒沸，打去浮沫兩三次至糖汁清亮為止。
4. 取瓷碗 10 個，均勻地加入銀耳、糖水、豬板油粒，用保鮮膜封嚴碗口，入籠用旺火蒸製約 3 個小時，待銀耳蒸透呈膠質狀即成。

**[ 大師訣竅 ]**
1. 銀耳泡發漲後，才容易摘除雜質、洗淨泥沙。
2. 蛋清掃糖水要攪勻，待燒沸後才能打盡浮沫。

## ✿ 184
# 冰醉豆花

風味 · 特點｜
醪糟味濃，香甜適口

**原料：（5 人份）**
醪糟 100 克，嫩豆花 250 克（見 256），豌豆粉 20 克，清水 1030 克，白糖 100 克，紅糖汁 50 克

**做法：**
1. 將豌豆粉加入 30 克清水攪勻成水豆粉。
2. 清水放入鍋內燒開，轉小火後將豆花用小勺子分成片狀加入燒開的清水中。
3. 接著加入醪糟，再以水豆粉勾芡，最後加入白糖、紅糖汁即成。

**[ 大師訣竅 ]**
1. 豆花不可片得太薄，入口滋味不足。
2. 豆花在鍋內不能煮得太久，會破碎不成型。
3. 芡汁不能勾得過濃，才有爽口感。
4. 可用太白粉替代豌豆粉，爽滑感稍差一些。

# 🌸 185
# 碧綠芒果卷

風味 · 特點 |
色澤碧綠，軟糯香甜，爽口宜人

**原料：（20 人份）**

芒果 500 克，乾糯米粉 250 克（見053），太白粉 100 克，綠色波菜汁250 克（見 146），白糖 100 克，雞蛋清 1 個，橄欖油 20 克，清水 500克，川鹽 1 克

**做法：**

1.  芒果去皮去核取果肉，切成細條形，泡入用清水與川鹽調製的淡鹽水中。

2.  乾糯米粉與太白粉混合均勻，加入綠色波菜汁、白糖 50 克、雞蛋清調勻成糊狀。

3.  取一適當大小的方平盤刷上橄欖油，將調好的糯米糊倒入方平盤中，厚度控制在 0.25~0.4 公分，入蒸籠旺火蒸約 6 分鐘至熟透，即成綠色粉皮。

4.  將浸泡鹽水的芒果條瀝乾水分，先均勻沾裹白糖，再將其幾根為一組，鋪放在綠色粉皮上，卷裹成卷狀，用刀切整齊即成。

**[ 大師訣竅 ]**

1.  選用質地較扎實的成熟芒果，風味足也方便加工。

2.  粉皮也可以平底鍋攤，攤皮時宜用中小火，火力分佈要均勻，切忌攤焖。

3.  趁粉皮熱時卷裹效果較好，不易鬆散。

# 綠茶桂花糕

風味 · 特點 |
色澤碧綠剔透，入口清涼香甜

成都市中心的青羊宮為道教聖地，漫步其中極為舒暢。

## ✿ 187

# 紅棗糕

風味 · 特點｜
棗香味濃、口感綿軟香糯，甜而不膩、營養豐富

**原料：**（15 人份）

大棗 500 克，蓮藕粉 300 克，白糖 300 克，清水 700 克

**做法：**

1. 先把大棗洗淨去核，放入盆裡加上清水，上籠蒸約 30 分鐘至炻，取出晾冷，把大棗水倒出備用。

2. 再把蒸炻的大棗，用絲漏把棗泥篩出來，與大棗水 300 克、白糖 180 克、蓮藕粉 200 克調製成棕紅色棗漿。

3. 取大棗水 150 克、白糖 120 克、蓮藕粉 100 克調製成白漿。

4. 把調好的棗漿，倒 1/2 進方盤內抹平，上籠蒸約 10 分鐘至定形。此時揭開蒸籠蓋，倒入白漿抹平，蓋上蒸籠蓋再蒸約 10 分鐘至定形。

5. 再次揭開蒸籠蓋，倒入剩餘 1/2 的棗漿抹平，蓋上蒸籠蓋再蒸約 10 分鐘至熟，取出晾冷，進冰箱冰鎮約 3 小時，取出切塊，即成。

**[ 大師訣竅 ]**

1. 棗子須蒸炻，才便於用絲漏把棗皮取淨。

2. 蒸糕時用中火蒸，以免上水過重。

3. 確認是否熟透可用竹籤插入糕底，拔出後如上面有麵漿，就是還沒熟透。

## ✿ 186

**原料：**（15 人份）

綠茶粉 15 克，桂花 10 克，明膠粉 25 克，白糖 100 克，清水 1000 克

**做法：**

1. 明膠加清水 150 克入籠鍋蒸約 5 分鐘至溶化。

2. 將白糖加清水熬製成糖水，混入融化的明膠汁後，攪勻。

3. 接著加入綠色粉，上中火煮沸出色後，倒入平盤中，均勻撒上桂花，入冰箱中冷藏是其凝結。

4. 將凝結定形的糕坯切成塊狀，裝盤即成。

**[ 大師訣竅 ]**

1. 掌握明膠汁和糖水汁濃稠度。

2. 桂花不宜放多，多了口感不佳。

3. 須冷透凝固才可切形。

## ❀ 188
# 蓉城綠豆糕

風味 · 特點 |
質地鬆軟，細嫩適口，消暑解熱，小吃佳品富

**原料：（20 人份）**
綠豆 500 克，白糖 250 克，化豬油 250 克

**做法：**

1. 綠豆洗淨瀝乾水分，放入鍋內加入洗淨的粗沙，以中小火翻炒至熟。
2. 倒入鋼絲篩內篩去沙子，晾冷，磨成細粉，再用籠篩篩去粗粒成綠豆粉。
3. 將綠豆粉倒於案板上，加入白糖、化豬油，用手揉至融合後裝入糕箱內壓平壓緊，切成塊狀，即成。

**[ 大師訣竅 ]**

1. 沙子須選用粗沙為宜，細沙難以洗淨，也不易分離。
2. 翻炒時要用鍋鏟不停地鏟動，火力不宜過大。
3. 磨粉儘量磨得越細膩越好，避免使用色素。
4. 揉製要反復多揉，質地才均勻，使用花紋模具壓製效果更好。

## ❀ 189
# 蠶豆糕

風味 · 特點 |
香甜細膩，鬆軟爽口

**原料：（20 人份）**
新鮮蠶豆 500 克，熟糯米粉 75 克，白糖粉 250 克，化豬油 150 克，糖漬紅櫻桃 25 克，蜜玫瑰 5 克

**做法：**

1. 將鮮蠶豆去殼，放入籠內蒸約 20 分鐘至熟，取出趁熱壓茸成泥狀。
2. 鮮蠶豆泥加入白糖粉 200 克，化豬油 100 克拌揉均勻成鮮蠶豆茸團，分成 30 個劑子。
3. 將熟糯米粉與白糖粉 50 克、蜜玫瑰、切碎糖漬紅櫻桃、化豬油 50 克揉和均勻成餡心，分成 30 份備用。
4. 取鮮蠶豆茸團劑子分別包入餡心，捏成糕模大小的方塊狀，放入糕模中均勻壓實，印上花紋後扣出，即成。

**[ 大師訣竅 ]**

1. 選用黑嘴殼大蠶豆製作，質地較好。
2. 蠶豆泥茸必須壓細膩，最好放入細篩搓擦以分離出籽粒。
3. 熟糯米粉也稱為糕粉，是用糯米經泡製與炒製後（用沙炒製）磨成的粉。
4. 化豬油不宜放得過多，容易不成型又膩口。

## ✿ 190
# 芝麻夾心糕

風味・特點｜
香甜細膩，鬆軟爽口

**原料：（30 人份）**

低筋麵粉 350 克，白糖 500 克，熟麵粉 150 克（見 059），黑芝麻粉 200 克（見 059），雞蛋 2 個，桔餅 50 克，化豬油 250 克，小蘇打 5 克，黑芝麻 5 克

**做法：**

1. 桔餅切成細粒，與芝麻粉、熟麵粉、化豬油 200 克、白糖 450 克混合均勻，再揉和成滋潤的芝麻甜餡料。

2. 麵粉 350 克加入雞蛋 1 個、白糖 50 克、小蘇打、化豬油 50 克拌均，揉勻成糖油麵團。將雞蛋 1 個磕入碗中，攪勻成蛋液，備用。

3. 將糖油麵團桿成 0.3~0.5 公分厚的麵皮，切成兩半，把芝麻糖餡均勻鋪在麵皮上壓緊、壓平整。

4. 再將另一張麵皮蓋在糖餡上，平整，刷上蛋液，撒上黑芝麻，放入烤箱，以上火 220℃、下火 180℃，烤 10 分鐘即取出。

5. 放涼後用刀切成方塊即成。

**[ 大師訣竅 ]**

1. 糖餡要拌滋潤，過乾成品易散、不成塊。

2. 以麵皮夾餡心時，可在合適大小的方形烤盤中操作，一是餡料不外漏，二是夾好餡心後可直接入烤箱，三是成品可以更緊實。

3. 餡料都是熟的，烤製時間只需要將糖油麵皮烤熟上色，不宜過長，以免高糖餡心融化不成形。

## ✿ 191
# 成都蛋烘糕

風味 · 特點|
色澤金黃，皮鬆肉嫩，香甜味美，蛋香濃郁可口

四川綿陽江油縣的蛋烘糕獨樹一格！從鍋具、
蛋麵糊到成品口感、滋味，都與成都蛋烘糕明
顯不同。

**原料：（20 人份）**

中筋麵粉 500 克，雞蛋 5 個、老發麵 50 克（見 137），
清水 200 克，沸水 200 克，小蘇打 6 克，紅糖 250 克，
白糖 100 克，蜜玫瑰 25 克，蜜冬瓜條 50 克，糖漬紅櫻
桃 25 克，芝麻粉 50 克，化豬油 50 克，熟菜籽油 15 克

**做法：**

1. 將紅糖用 200 克沸水溶化後濾去雜質，晾冷成紅糖漿。
   老發麵加清水 100 克調成老發麵漿。

2. 把紅糖漿倒入盛有麵粉的盆內，打入雞蛋，用木棒攪
   和，邊攪動邊加入老發麵漿、小蘇打、清水 100 克
   攪至麵、蛋、糖混合為一體呈稠糊狀即可，靜置餳約
   15~20 分鐘。

3. 將蜜冬瓜條、糖漬紅櫻桃切碎，與蜜玫瑰、白糖、芝
   麻粉一起和勻拌成餡心。

4. 用特製小型銅質平圓底鍋（直徑約 10 公分，邊沿高約
   1 公分，邊沿上有提把），置於與鍋大小相當的爐子
   上（炭火爐亦可），將銅鍋燒燙，用塗上一層熟菜籽
   油。

5. 炙好鍋後舀入蛋麵糊並將鍋轉動，使麵糊流勻鍋底，
   加蓋略微烘烤。

6. 當麵糊約八成熟時，舀入化豬油少許抹勻，隨即舀入
   餡心，然後用夾子將糕皮一邊揭起，對折成半圓形，
   再揭開另一邊翻面，加蓋略烘烤即成。

**[ 大師訣竅 ]**

1. 老發麵漿事先用水調勻成漿狀後，再倒入麵粉內有助
   於攪勻。

2. 小蘇打不可多放，以免鹼味太濃。

3. 小銅鍋一定要事先炙好，以避免黏鍋。用油塗鍋切忌
   過多，油脂只可略微潤一下鍋即可。

4. 烘烤時宜用微火，火力過大，幾乎都是外焦內生。

## 🌸 192

# 胡蘿蔔象生果

風味・特點│造型逼真，香甜可口

**原料：（10 人份）**

胡蘿蔔 500 克，乾糯米粉 250 克（見 053），澄粉 100 克，沸水 70 克，熟鴨蛋黃 4 個，白糖 150 克，化豬油 50 克，香菜 50 克，香油適量

**做法：**

1. 胡蘿蔔洗淨切塊，入榨汁機中榨取胡蘿蔔汁，將胡蘿蔔汁 250 克與糯米粉、白糖 75 克拌均勻成胡蘿蔔粉團。

2. 澄粉用沸水燙熟，同胡蘿蔔粉團揉和均勻，成軟硬適度的橙紅色粉團。

3. 熟鴨蛋黃揉壓成細茸，加入白糖 75 克、化豬油揉勻成滋潤的蛋黃餡；香菜洗淨。

4. 將粉團搓條下劑，約 20 個，分別包入蛋黃餡心，捏成上粗下細的胡蘿蔔形狀，即成象生蘿蔔果坯。

5. 蘿蔔果坯入籠蒸約 8 分鐘至熟後取出，在粗的一端劃一小口子，插入香菜，細的一端插入少許香菜根鬚，刷上一層香油即成。

**[ 大師訣竅 ]**

1. 以果汁機打蘿蔔汁時需加入少許清水，才便於出汁，需有過濾的程序。若是以榨汁機則不需要。

2. 澄粉必須燙熟後，產生所需的麵性才能混合揉製。

3. 生蘿蔔果坯劑子不可過大，失去精緻感。

## 🌸 193

**原料：（10 人份）**

老南瓜 500 克，糖米粉 150 克（作法見「成都蛋烘糕」，283 頁），澄粉 120 克，豆沙餡 90 克，奇異果果汁 25 克，沙拉油 1000 克（實耗 50 克）

**做法：**

1. 南瓜去皮，切成塊入籠蒸約 15 分鐘至熟，晾冷壓成泥茸，摻入糖米粉、澄粉 80 克，揉勻成南瓜麵團。另用 40 克澄粉加入果汁揉勻成綠色麵團。

2. 將南瓜麵團分成 30 個劑子，分別包入豆沙餡，捏成南瓜形狀，用綠色粉團做成瓜蒂，成象形南瓜坯。

3. 將象形南瓜坯入五成熱的油鍋炸成皮酥色黃即成。

**[ 大師訣竅 ]**

1. 麵團不能過軟，以免影響造型。

2. 油溫不能過高，也不宜太低。

3. 切忌炸製時間過長，顏色發暗而失去鮮活感。

# 生態南瓜餅

風味・特點｜形態逼真，外酥裡嫩

# 瓜仁芋香果

**風味・特點** | 皮酥裡軟，香甜可口

炸豌豆糕專用的勺子。

# ✿ 195
# 炸豌豆糕

風味 · 特點｜ 色澤金黃，糕酥脆香

**原料：（10 人份）**

乾豌豆 250 克，大米 350 克，清水 1000 克，鹽 20 克，菜籽油 1000 克（實耗 75 克）

**做法：**

1. 胡將乾豌豆、大米分別淘淨，再分別用兩個盛器裝入，摻清水浸泡八小時至透（熱天最少換水一次）。

2. 用石磨將大米加清水磨成大米米漿。

3. 泡透豌豆瀝乾水份，混合到米漿中，加少許鹽，調成豌豆米漿。

4. 用特製炸糕模具，舀入豌豆米漿，放入六成熱油鍋中，中火炸成豌豆糕取出，即成。

**[ 大師訣竅 ]**

1. 豌豆最少泡製八小時，泡透了成品才不會有硬心。

2. 米漿須磨細膩，稠度一定要掌握好。

3. 炸製油溫切不可過低或太高。

# ✿ 194

**原料：（10 人份）**

香芋 200 克，乾糯米粉 100 克（見 053），瓜子仁 150 克，白糖 75 克，雞蛋 1 個

**做法：**

1. 香芋去皮切成條，入籠蒸約 15 分鐘至爛軟取出，用刀將其壓泥茸。

2. 芋泥加入糯米粉、白糖揉勻成香芋粉團。

3. 將香芋粉團分劑，分別捏製成尖頭形芋果。

4. 雞蛋攪成蛋液，芋果滾上蛋液，沾上瓜子仁成半成品。

5. 油鍋燒至六成熱，下香芋果半成品以中火炸至酥香成熟，即成。

**[ 大師訣竅 ]**

1. 香芋須蒸爛、壓茸，不能起籽粒。

2. 沾瓜仁須沾均勻，並用手捏牢。

3. 油溫不能過高，也不可太低。

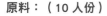

## ✿ 196

# 炸西瓜餅

風味 · 特點｜ 色澤淡紅，酥糯香甜

**原料：（10 人份）**

西瓜 1000 克，糯米粉 300 克，馬蹄粉 100 克，黑芝麻餡 150 克（見 058），沙拉油 1500 克（約耗 50 克）

**做法：**

1. 西瓜去盡瓜子、皮，用榨汁機榨出西瓜汁，濾除渣籽。
2. 取西瓜汁 350 克與糯米粉、馬蹄粉和勻，揉製成粉紅色的粉團。
3. 粉團分成小劑約 20 個，分別包入黑芝麻餡，按扁成圓餅坯。
4. 鍋內燒沙拉油至六成熱，下西瓜圓餅坯，以中火翻炸成熟即成。

**[ 大師訣竅 ]**

1. 榨西瓜汁必須去盡瓜子、皮，確保口感細緻。
2. 炸製的火候要掌握好，炸製的色澤要均勻一致，避免顏色過深。

成都金絲街的金馬茶館。

## ✿ 197

# 香煎蘋果餅

風味 · 特點｜ 酥香鬆泡，香甜爽口

**原料：（10 人份）**

蘋果 500 克，低筋麵粉 350 克，清水 175 克，白糖 50 克，雞蛋 2 個，泡打粉 10 克，酵母粉 15 克，沙拉油 100 克

**做法：**

1. 蘋果去皮去核洗淨，切成筷子粗的絲條放盆內，再磕入雞蛋攪勻。
2. 接著加入低筋麵粉、白糖、酵母粉、泡打粉及清水攪拌成糊狀，靜置發酵約 20~30 分鐘成蘋果麵糊。
3. 平底鍋置中火上，放約 50 克沙拉油燒熱，將蘋果麵糊舀在鍋中，攤成約 1 公分厚的圓餅狀，定型後再加入約 50 克沙拉油煎至兩面金黃成熟後取出，改刀裝盤即成。

**[ 大師訣竅 ]**

1. 蘋果絲條不可切得太粗或過細，太粗成形不好看，太細沒有口感。
2. 調麵糊要掌握好用水量，不能太乾或過稀。
3. 煎製時火候不宜太大，火力應均勻，當餅煎定型後，再加些油煎炸成熟，外皮更酥香。

🌸 **198**

# 鍋貼蝦餅

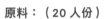

風味 · 特點 | 底面酥香，軟糯鮮嫩

🌸 **199**

**原料：（20 人份）**

土司 250 克，鮮蝦仁 200 克，熟豬肥膘肉 50 克，乾糯米粉 200 克（見 053），澄粉 50 克，冬筍 25 克，蘑菇 25 克，胡椒粉 3 克，料酒 10 克，川鹽 6 克，白芝麻油 5 克，蔥白花 25 克，蛋清太白粉糊 25 克（見 060），化豬油 500 克（約耗 150 克）

**做法：**

1. 冬筍、蘑菇、豬肥膘肉切成粒。鮮蝦仁洗淨，挑盡蝦線，切成綠豆大的粒，用蛋清太白粉糊碼勻。

2. 鍋內放化豬油 100 克燒至三成熱，下入蝦仁用油滑散撈出。

3. 將熟豬肥膘肉粒、蘑菇、冬筍一同入鍋炒製，加入料酒、川鹽、胡椒粉炒香出鍋，晾冷後加入滑散蝦仁粒、芝麻油、蔥白花拌勻成餡。

4. 將土司去邊，改刀成長 6 公分、寬 3 公分、厚 0.5 公分的片，20 片。

5. 澄粉放入盆中用沸水燙熟，乾糯米粉與清水和勻加入熟澄粉揉勻成混合粉團，搓條後分成 20 個劑子。

6. 取一土司片，舀入蝦仁餡放在土司中間，再用混合粉團劑子用手按扁成土司大小的粉皮，蓋在蝦餡上，四周捏緊成餅坯。

7. 平底鍋內放入化豬油燒至五成熱，放入蝦餅坯，半煎半炸至底面酥黃，餅面熟透即成。

**[ 大師訣竅 ]**

1. 蝦仁必須挑盡蝦線，洗淨後用乾毛巾振乾水分，漿才巴得上。

2. 滑蝦仁必須用溫油，用竹筷劃散籽。

3. 澄粉必須燙熟，同糯米粉反復揉勻，成品口感較佳。

4. 煎餅時要不斷地用瓢舀熱油淋在餅面上，使其受熱均勻，熟度均勻。

---

**原料：（10 人份）**

中筋麵粉 500 克，沸水 300 克，豬肉 150 克，化豬油 150 克，料酒 10 克，川鹽 5 克，胡椒粉 1 克，蔥末 50 克，熟菜籽油 500 克（約耗 50 克），白芝麻油 10 克

**做法：**

1. 麵粉 400 克中加入川鹽 2 克拌勻，接著沖入沸水燙製成三生麵，擦揉入化豬油 25 克，置於案板上晾冷待用。

2. 麵粉 100 克與化豬油 125 克一同拌和成油酥。

3. 豬肉洗淨剁碎，加入料酒、川鹽 3 克、胡椒粉、蔥末、白芝麻油拌勻成餡。

4. 將三生麵搓條扯成麵劑 20 個，分別擀成牛舌片，抹上油酥，卷成筒後按成麵皮，包入餡心成條狀，盤起後按扁成焦餅生坯。

5. 平鍋置中小火上，放入熟菜籽油燒至四成熱，放入餅坯半煎半炸至兩面呈金黃色即成。

**[ 大師訣竅 ]**

1. 麵粉在盆中燙成三生麵後，將麵盆放入冷水中讓三生麵溫度盡快下降、「退火」再揉勻。

2. 煎炸時油量應控制在焦餅生坯 1/3~1/2 的高度，掌握好油溫、火候，才能金黃酥脆。

# 鮮肉焦餅

風味 · 特點 | 色澤金黃，皮酥脆，餡鮮香

## ❀ 200

# 三義園牛肉焦餅

風味・特點 | 色澤金黃，酥脆鮮香，餡細嫩微辣

**原料：（20 人份）**

中筋麵粉 500 克，沸水 350 克，黃牛腿肉 400 克，熟牛油 75 克，薑末 10 克，川鹽 6 克，醪糟汁 15 克，郫縣豆瓣 15 克，花椒粉 10 克，醬油 10 克，白芝麻油 25 克，蔥花 250 克，熟菜籽油 1500 克（約耗 200 克）

**做法：**

1. 牛肉洗淨去筋膜剁成細粒，入盆加入薑末、川鹽、醪糟汁、剁細郫縣豆瓣、花椒粉、醬油、熟菜籽油 30 克、白芝麻油拌和均勻，包製前再放入蔥花略拌，即成餡心。

2. 麵粉中加入沸水攪勻成燙麵，攤開晾冷後揉勻。牛油入鍋融化後加熟菜籽油 30 克攪勻起鍋晾冷，凝結後成牛油酥。

3. 將揉勻的燙麵按平成麵片攤在案板上，把牛油酥均勻地抹在燙麵上，然後將麵片卷成圓筒形，並搓條成為起酥麵。

4. 將起酥麵切成 20 個麵劑子，逐個用手壓成皮，包入餡心，收攏劑口，壓扁成扁圓形餅生坯。

5. 平煎鍋置中小火上，下入熟菜籽油，燒至三成熱，將餅生坯放入鍋內，煎炸約 5 分鐘，將餅逐個翻面，待餅兩面均呈金黃色即可。

**[ 大師訣竅 ]**

1. 麵粉必須用沸水燙熟，然後攤開使其盡快晾冷，避免溫度破壞麵性。

2. 抹牛油酥要均勻地抹在燙麵上，捲筒搓條要粗細均勻，起酥效果才佳。

3. 煎炸時先用微火後旺火，旺火能使餅上色，也能逼出餅中的油，減少成品的油膩感。

4. 拌牛肉餡時，若覺得不夠滋潤，可適量加入少許清水攪製。

## 🌸 201
# 牛肉豆花

風味 · 特點 ｜ 鹹鮮微辣，口感細膩，豆花味濃

**原料：（ 10 人份）**

自製嫩豆花 500 克（見 256），牛肋條肉 200 克，馓子 100 克，大頭菜粒 50 克，德陽紅醬油 30 克，清水 1400 克，花椒粉 2 克，紅油 30 克（見 146），蔥花 20 克，油酥黃豆 30 克（見 256），胡椒粉 2 克，豆瓣 25 克，花椒 5 顆，蔥 50 克，薑 50 克，筍丁 50 克，八角 1 顆，料酒 5 克，太白粉水 50 克（見 059）

**做法：**

1. 鍋內加清水 400 克燒開，勾入太白粉水成二流芡狀態，再把豆花用勺子分成小塊狀，放入芡汁中燙熱。

2. 牛肋條肉切小丁。取淨鍋中火下油，炒香剁細的豆瓣，下花椒、蔥薑略炒，再下肉丁、筍丁、料酒、八角、清水 1000 克燒開後，轉中小火燒至牛肉丁㶷軟入味，夾出八角，即成牛肉臊。

3. 碗內調入德陽醬油、紅油（帶點油辣子）、花椒粉，然後把豆花芡汁舀入碗內，加入胡椒粉、燒好的牛肉、大頭菜粒、油酥黃豆、馓子，撒上蔥花即成。

**[ 大師訣竅 ]**

1. 勾芡的稠度要足，使豆花飄在芡汁中不下沉或浮起的稠度為佳。

2. 牛肉臊的味要足，肉要有些嚼頭，肉香才突出。

## 🌸 202

# 牛肉蕎麵

風味・特點 | 麻辣鮮香,綿韌滑爽,地方風味濃厚

**原料:(10 人份)**

苦蕎麥粉 250 克,高筋麵粉 350 克,豌豆粉 50 克,雞蛋 4 個,10% 生石灰水 75 克(見 060),清水 50 克,黃牛 腩肉 400 克,水發筍乾 100 克,郫縣豆瓣 50 克,芽菜末 100 克,紅油辣椒 100 克(見 146),芹菜粒 150 克,薑 末 3 克,豆豉 10 克,川鹽 3 克,花椒粉 8 克,醬油 150 克, 料酒 15 克,菜籽油 150 克,蔥花 50 克

**做法:**

1. 苦蕎麥麵粉與高筋麵粉、豌豆粉和勻,加入石灰水、 雞蛋液和清水拌勻後,揉製均勻成光滑麵團。用濕紗 布蓋上靜置餳 15 分鐘,待用。

2. 牛肉切成小顆粒,發好的筍乾切小顆粒,用沸水將筍 粒汆一水瀝乾水分。豆瓣、豆豉剁細,待用。

3. 將牛肉粒入鍋加菜籽油、薑末,以中小火煵炒至酥香, 加入料酒、川鹽、豆瓣、豆豉炒至入味上色後,再加 入筍粒、芹菜粒炒勻起鍋,即為牛肉臊子。

4. 把醬油、紅油辣椒、芽菜末、花椒粉等調料分別放入 碗內作底料,待用。

5. 將專用木榨器置湯鍋上,用旺火將湯鍋裡的水燒沸, 取一塊麵團約 100 克,放入榨孔內,將榨桿插入,用 力壓榨棒,待麵條從小孔中壓出後,斬斷麵條,使其 直接落入湯鍋,煮熟後撈起倒入配好調輔料的碗中, 淋上牛肉臊子,撒上蔥花即成。

6. 重複做法 4、5,將麵團全部製成一碗碗牛肉蕎麵。

**[ 大師訣竅 ]**

1. 蕎麥麵團一定要充分揉製均勻, 成品口感才滑爽。

2. 榨麵條的麵團,應揉成圓條形, 便於裝入擠壓孔中。

3. 蕎麥麵條中的蕎麥麵粉容易化到 沸水中,不宜久煮,應勤換煮麵 的水,確保麵條口感爽滑。

4. 蕎麥麵中也可以不加入麵粉和 麵,但蕎麥麵粉的筋性不足加上 粗纖維多,成品容易斷,口感也 較差。

5. 煮熟的蕎麥麵持續漲發的速度相 較於一般麵條快許多,因此煮熟 撈起後應盡快食用,最好現煮現 吃。

蕎麵在雅安地區稱之為「榨榨麵」,原因就是 這獨特的壓榨製麵工藝。

### ❀ 203

# 酸辣粉

風味・特點｜ 粉條滑爽，酸辣可口

**原料：（10 人份）**

紅苕粉（紅薯粉）500 克，沸水 400 克，綠豆芽 500 克，大頭菜粒 50 克，油酥黃豆 50 克（見 XXX），芹菜粒 50 克，小蔥粒 50 克，紅油辣椒 200 克，花椒油 40 克，醬油 150 克，保寧醋 200 克，豬骨心肺湯 2500 克（見 256）

**做法：**

1. 將紅苕粉 100 克用沸水燙成熟粉漿的糊狀「熟芡」。

2. 另 400 克紅苕薯粉分次加入在熟芡中，使勁攪揉勻。

3. 鍋內加清水燒沸後，將揉製好粉團放在一有數十個小孔的漏水瓢（小孔直徑大約 1 公分左右），用手掌拍打粉團，使粉團從小孔中流出成細粉條狀，在沸水中燙熟後，立即撈入涼水中漂冷，成水粉。

4. 將紅油辣椒、花椒油、醬油、保寧醋放入碗底，將水粉和豆芽裝入竹漏篩中，入煮沸豬骨心肺湯中汆燙後，倒入調料碗中，撒上大頭菜粒、油酥黃豆、芹菜粒、蔥花即成。

**[ 大師訣竅 ]**

1. 選用上等紅薯粉，下出的水粉品質才佳，口感爽滑。

2. 熟芡，必須用剛離火的沸水燙製，以確保熟透。

3. 須用勁揉勻粉團，切忌起籽狀。

4. 汆燙水粉不宜過久，會𤆵軟不爽口。

崇州街子古鎮裡正在製作水粉的小吃店。

## ✿ 204

# 帽節子肥腸粉

風味・特點｜　麻辣味鮮，質地爽滑炬軟

**原料：（20 人份）**

豬大腸 1000 克，豬小腸 1000 克，紅薯水粉 2000 克（做法見「酸辣粉」，295 頁），花椒粒 15 克，白酒 20 克，紅油辣椒 150 克，醬油 75 克，花椒粉 40 克，蔥花 50 克，芽菜末 35 克，香油 25 克，生薑塊 50 克，大蔥葉 50 克，豬棒骨 1000 克，清水 8 公斤，生薑片 50 克，食鹽 25 克，白酒 25 克

**做法：**

1. 將豬大小腸洗淨，入盆加食鹽、生薑片充分揉搓以去掉污穢，再用清水反覆洗淨。

2. 接著割開腸頭，將其翻面，去掉腸子上污物，反覆清洗，瀝水後用白酒揉搓，再用清水漂洗乾淨後再翻回來。入沸水鍋汆燙後，撈起備用。

3. 鍋內放清水，放入豬棒骨燒沸，除去血泡，撈出拍破骨頭，放入鍋中另加清水，大火燒沸加大小腸、拍破生薑塊、挽節大蔥、花椒粒，轉中小火燉至大小腸炬軟。

4. 撈出大小腸，將大腸切成斜刀節，小腸切長段後挽成形似帽子結的節段若干。

5. 將芽菜末、紅油辣椒、花椒粉、醬油、香油等調料分裝 20 個碗內。

6. 將水粉抓入竹漏瓢內，入豬骨肥腸湯鍋內冒熱，倒入裝有調料的碗內，上面再將切好的肥腸節和帽結子放上，撒入蔥花即成。

**［大師訣竅］**

1. 大小腸必須多次精心清洗，以免臊味影響滋味與食欲。

2. 煮肥腸煮炬軟就要撈起，入口有咬勁，滋味也足，不會嚼不爛。但煮成炬爛，吃起來有些噁心。

3. 只能選用小腸挽節子，形態才美觀。

晨曦中的成都市井生活。

## ✿ 205
# 火燒雞肉餅

風味 · 特點｜色澤金黃，外酥內嫩，餡味鮮美

**原料：（10 人份）**

中筋麵粉 500 克，沸水 350 克，化豬油 150 克，淨雞半只（約 750 克），口蘑 50 克，冬筍 50 克，冰糖 20 克，料酒 25 克，生薑 20 克，大蔥 25 克，胡椒粉 3 克，川鹽 8 克，醬油 25 克，高湯 300 克（見 159），熟菜籽油 1500 克（約耗 75 克）

**做法：**

1. 將麵粉用沸水沖入，攪拌均勻，製成燙麵，加入化豬油 75 克揉勻成團待用。

2. 淨雞肉洗淨砍成塊，冬筍、口蘑洗淨。鍋內放化豬油 75 克燒熱，下雞塊煵乾水分。

3. 續下拍破生薑、挽節的大蔥、料酒、冰糖炒香後，加醬油、胡椒粉、高湯、川鹽，用大火燒沸後，改用小火燒製。

4. 待雞塊快熟時，加入冬筍、口蘑一並燒入味，待湯汁濃稠時撈出雞塊、薑蔥。將雞塊去淨骨切成小丁，冬筍、口蘑也取出切成小粒狀。將雞肉丁、冬筍、口蘑粒倒入原湯汁中，小火收至濃稠起鍋，晾冷成雞肉餡。

5. 燙麵搓條分成小劑子，按扁包入餡心，封口後按扁成圓餅狀。

6. 平底鍋內放菜籽油燒熱，將餅坯放入煎炸至色澤金黃、皮酥香即成。

**[ 大師訣竅 ]**

1. 燙麵必須燙軟和一些，燙麵不能燙得太熟。

2. 雞肉要小火燒入味，汁要收濃稠，餡心必須晾冷後再包製。

3. 包餡封口處要捏緊，封口處不能黏油漬，以免漏陷。

4. 煎製要用火均勻，使兩面色澤一致而美觀。

位於自貢，富順豆花發源地，
興建於宋代的富順文廟。

## 🌸 206
# 蔥酥火腿餅

風味 ‧ 特點｜
色澤牙黃，味鹹甜適口，外皮酥香

**原料：（15 人份）**

中筋麵粉 500 克，清水 140 克，熟火腿 100 克，橘餅 50 克，蜜冬瓜條 50 克，蔥白花 100 克，白糖 50 克，熟麵粉 50 克（見 059），白芝麻 10 克，雞蛋 1 個，化豬油 175 克

**做法：**

1. 取麵粉 350 克，加入清水、化豬油 50 克揉勻成油水麵，另取 150 克麵粉加入化豬油 75 克揉勻，製成油酥麵。

2. 油水麵分成 15 個小劑，油酥麵分成油水麵劑子一半大小的劑子。

3. 分別取油水麵劑子包入油酥麵劑子，用手壓成圓餅後，擀成長橢圓後捲成圓筒，將圓筒豎立，再用手壓成圓餅，然後擀成圓麵皮待用。

4. 將火腿、蜜冬瓜條、橘餅分別切成小丁置於盆內，加入白糖、化豬油 50 克、熟麵粉、蔥白花後拌勻成火腿甜餡。

5. 雞蛋磕入碗中攪勻成蛋液，備用。

6. 取適量的火腿甜餡，搓成團狀，放於圓麵皮中間，以無縫包餡法包嚴，封口處沾一點清水使其黏牢成生坯。生坯搓圓後稍微按扁，再擀成圓厚狀。依此做法陸續完成所有生坯。

7. 烤箱預熱至 220℃，生坯鋪放於烤盤上，一一刷上蛋液，再用刀在生坯面上畫兩刀後，撒上少許白芝麻，即可送入烤箱，烤 8 分鐘即成。

**[ 大師訣竅 ]**

1. 油水麵含油量不宜過多，麵團必須揉透揉勻，口感才酥而細緻。

2. 生坯置於烤盤時不能放的太密集，避免烤製過程中因為膨脹相互濟壓而不成形。

3. 用刀在生坯面上畫兩刀的目的是避免烤製時內餡的蒸汽將餅撐破。